EL JUEGO DE LA

EXPERIMENTOS SENCILLOS SOBRE EL ESPACIO Y EL VUELO

Louis V. Loeschnig

Ilustraciones de Frances Zweifel

ONIRO

Dedicatoria

A mi querida esposa, Joanne Marie, cuyo amor y dedicación dieron vida y animaron al niño que hay en mí, y a mi padre, Louis A. Loeschnig, cuyos muchos años en la industria aeroespacial me sirvieron de inspiración.

Colección dirigida por Carlo Frabetti

Título original: *Simple Space & Flight Experiments with Everyday Materials*
Publicado en inglés por Sterling Publishing Company, Inc.

Traducción de Joan Carles Guix

Diseño de cubierta: Valerio Viano

Ilustración de cubierta e interiores: Frances Zweifel

Distribución exclusiva:
Ediciones Paidós Ibérica, S.A.
Mariano Cubí 92 – 08021 Barcelona – España
Editorial Paidós, S.A.I.C.F.
Defensa 599 – 1065 Buenos Aires – Argentina
Editorial Paidós Mexicana, S.A.
Rubén Darío 118, col. Moderna – 03510 México D.F. – México

ISBN: 84-95456-56-7
Depósito legal: B-11.722-2001

Impreso en Hurope, S.L.
Lima, 3 bis – 08030 Barcelona

Impreso en España – *Printed in Spain*

ÍNDICE

Antes de empezar

La historia de la aviación está repleta de soñadores e intentos fallidos de volar. Leonardo da Vinci (1452-1519), uno de los primeros artistas e ingenieros, diseñó máquinas voladoras y soñó con ser capaz de surcar el aire, pero eso fue más de cuatrocientos años antes de que el hombre consiguiera hacer realidad tal sueño.

Los primeros intentos de volar de Wilbur y Orville Wright, con planeadores parecidos a una cometa, fracasaron, pero eso no les desanimó. Por fin, el 17 de diciembre de 1903, en Kitty Hawk, Carolina del Norte (Estados Unidos), a bordo de una aeronave que bautizaron con el nombre de *Flyer* (volador), los hermanos Wright saborearon las mieles del éxito.

En 1909, Louis Blériot se convirtió en el primer aviador que conseguía cruzar el canal de la Mancha, desde la ciudad francesa de Calais hasta un lugar próximo a Dover (Inglaterra). Unos años más tarde, Charles Lindberg (1927), con su *Spirit of St. Louis* (Espíritu de San Luis), y Amelia Earhart (1932) volaron a través del océano Atlántico, en solitario y sin escalas. Pronto les seguirían otros más.

Al igual que volar, viajar por el espacio también surgió de la imaginación del hombre. El escritor francés Jules Verne (1828-1905) plasmó su sueño de llegar a otros mundos en un libro titulado *De la Tierra a la Luna*, un apasionante relato que narra un viaje en cohete.

La tercera ley del movimiento de sir Isaac Newton proporcionó a los científicos modernos del espacio el principio que rige el funcionamiento de cualquier cohete: a toda acción le corresponde una reacción igual y opuesta. En 1926, un estadounidense, Robert Goddard, construyó y lanzó con éxito el primer cohete autopropulsado.

En los años cuarenta, mientras los alemanes desarrollaban misiles tierra-tierra de largo alcance, los rusos trabajaban en la construcción de cohetes de mayor envergadura, lo bastante potentes como para impulsarles en pos de su sueño de llegar al espacio exterior. En 1957 lanzaron el *Sputnik I*, el primer satélite no tripulado que orbitó alrededor de la Tierra. En 1961 continuaron su carrera en la exploración espacial colocando en órbita, por primera vez, a un ser humano, el cosmonauta Yuri Gagarin.

El 20 de julio de 1969, Estados Unidos se situaría en cabeza de la carrera espacial cuando Neil Armstrong se convirtió en el primer hombre que pisaba la Luna. Más tarde, en 1972, se organizaron otras misiones tripuladas de alunizaje (misiones Apolo). Desde entonces, Estados Unidos ha tomado parte en muchas misiones espaciales, lanzando innumerables satélites y sondas espaciales, y ha situado diversas estaciones espaciales en órbita, aunque hasta la fecha son los rusos quienes han sido capaces de lanzar y mantener en órbita la estación más grande e impresionante: la *Mir* (Paz).

La finalidad de este libro consiste en alimentar los anhelos de los futuros astronautas y científicos del vuelo y el espacio. Ahora tienes la ocasión de experimentar, preguntar, pensar y soñar.

Página a página te familiarizarás con el principio de Bernouilli, sin el cual nunca habrías conocido los principios básicos del vuelo; diseñarás un plano aerodinámico, construirás un sencillo helicóptero de juguete y aprenderás cómo actúan la gravedad y la fuerza centrífuga-centrípeta.

También confeccionarás instrumentos de vuelo, aprenderás un sinfín de cosas sobre los aerostatos de aire caliente y construirás diversos planeadores y alas que te permitirán descubrir cómo funcionan.

Vas a diseñar tus propias cometas, siempre con los principios del vuelo y la aerodinámica *in mente*, e incluso conocerás más a fondo las órbitas y el tamaño de los planetas. ¡Te esperan extraordinarios experimentos que te permitirán comprenderlo todo con suma facilidad!

Eres un «científico del espacio» y, como tal, debes aprender todo lo relativo a las condiciones medioambientales de la Luna, cómo influyen las condiciones del espacio exterior y la ausencia de gravedad en el vuelo espacial, cómo se produce la reentrada de los astronautas en la atmósfera terrestre y cómo se las ingenian para mantenerse en órbita.

Diseñarás, construirás y lanzarás un simple transbordador-cohete espacial, y si todo esto te parece poco, te explicaré cómo se seleccionan y adiestran los futuros astronautas de la NASA.

Además de realizar experimentos, aprenderás muchos principios científicos del vuelo (aerodinámica) y del espacio, así como de ingeniería, matemáticas, arte y diseño, ¡todo en un solo libro!

La mayoría de los materiales que vas a necesitar para ralizar los diversos proyectos de esta obra son muy económicos y fáciles de encontrar –a menudo, objetos domésticos de uso cotidiano–. Veamos de qué se trata.

Ante todo, existen unas cuantas cosas que se usan en la mayoría de los proyectos. ¿Por qué no las reúnes? Son las siguientes: globos (esféricos y alargados), clips para papel (pequeños y grandes), hojas de papel en blanco de tamaño DIN A4, cartulina blanda, cinta adhesiva, tijeras, lápices y cuerda.

Otros materiales utilizados con menos frecuencia, pero aun así importantes, son: pajitas de refresco (tanto las rectas como las que se pueden doblar), reglas, cinta métrica, gomas de borrar, tubos de cartón del papel higiénico o de papel de cocina, cajas de distintas formas, tarros, cola, bolsas para congelados, arcilla, canicas, hilo, papel de aluminio, termómetros, aros de goma y chinchetas.

También es posible que necesites algunos objetos un tanto especiales, tales como varillas de madera de pequeño diámetro y escayola, aunque no son caros ni difíciles de encontrar.

Por último, y lo más importante, los experimentos de este libro se han diseñado teniendo muy en cuenta la seguridad. Cuando conviene tomar precauciones en alguno de ellos, nuestra abejita «prudente y sensata» te lo hará saber.

Y bien..., ¿a qué estás esperando? ¡Adelante!, acomódate en la carlinga, verifica el panel de instrumentos y... ¡prepárate para vivir una aventura de altos vuelos!

¡ESTÁS EN EL AIRE!

¡En efecto! En este capítulo vas a despegar de una vez por todas. Aprenderás los principios del vuelo, o ley de Bernouilli, y cuando la comprendas, sabrás qué es lo que mantiene un aeroplano en el aire.

Además de enseñarte a construir diferentes tipos de planos aerodinámicos –modelos de una sola ala–, voy a explicarte en qué consisten las corrientes de aire y cómo circulan y actúan sobre la superficie de un plano. A fin de cuentas, dicha circulación, tanto rápida como lenta, es lo que eleva la aeronave y le permite volar.

También construirás helicópteros de juguete, rotores, propulsores y modelos de cartulina que vuelan.

Ya hemos visto la lista de los materiales cotidianos necesarios y creo que te lo he explicado todo con suficiente claridad, pero si tienes alguna dificultad con la medición y el corte de las distintas partes, ¡pide ayuda!

Con unos cuantos materiales de lo más simple y un poquito de esfuerzo por tu parte, estarás en el aire en menos que canta un gallo.

La regla

Como vas a comprobar, esta regla no hay quien la pare. Se elevará en el aire aunque intentes evitarlo. Y todo se debe al principio de Bernouilli.

Material necesario:

tira de cartulina blanda, de la anchura de la regla y la mitad de su longitud	regla
	lápiz
	tijeras
cinta adhesiva	mesa

¿Qué hay que hacer?

Pon la tira de cartulina sobre la regla, de manera que coincida con uno de sus extremos y llegue hasta la mitad. Tira hacia arriba de la cartulina hasta formar un ligero arco o curva de unos 2 cm de altura y pega los dos extremos de la tira con cinta adhesiva.

Coloca la regla en una mesa y equilíbrala sobre un lápiz. Debería sobresalir unos 10 cm del borde de la mesa.

Ahora sopla con suavidad, dirigiendo una corriente uniforme de aire hacia la superficie superior de la tira de cartulina y a lo largo de la regla. Si no ocurre nada, o si la regla simplemente se desequilibra y se apoya en la mesa, ajusta su punto de equilibrio sobre el lápiz e inténtalo de nuevo.

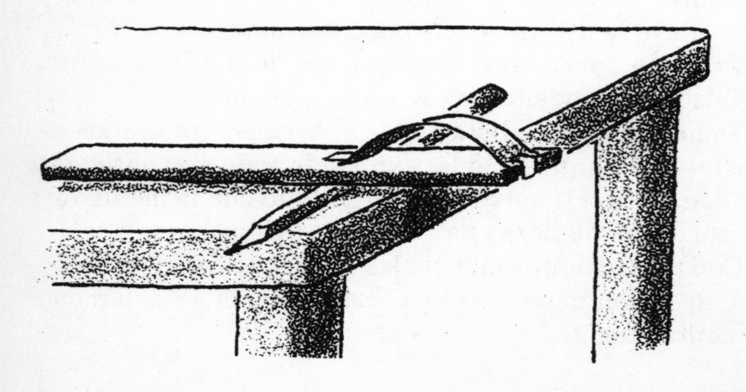

¿Qué sucede?
La regla se eleva, salta hacia arriba e incluso se desplaza hacia atrás.

¿Por qué?
El principio de Bernouilli se usa para que un aeroplano se eleve en el aire, y también se aplica a nuestra ala de cartulina, o plano aerodinámico, pegada a la regla.

El aire que circula sobre un aeroplano o un ala de cartulina tiene que desplazarse cada vez más deprisa para que disminuya la presión sobre el ala. Dado que el flujo de aire es más lento en la cara plana del ala, genera una mayor presión y obliga a ascender a la aeronave, la empuja hacia arriba.

Sopla con fuerza

Sopla con fuerza y recrea el principio de Bernouilli de la presión de los fluidos. Simula o copia el ala de un aeroplano con este sencillo experimento.

Material necesario
tira de papel

¿Qué hay que hacer?
Pon un extremo del papel justo debajo del labio inferior y sopla con fuerza en la cara superior del mismo.

¿Qué sucede?
El papel asciende y ondea en el aire.

¿Por qué?
Como ya hemos dicho antes, un flujo rápido de aire circula sobre la cara superior del papel, produciendo una presión menor, mientras que el flujo más lento en la cara inferior genera una presión mayor. La diferencia de presiones provoca la elevación del papel.

Alas

¿Te gustan los experimentos? ¡Pues éste es genial! Diseña un ala de aeroplano, o plano aerodinámico, y observa cómo reacciona ante una rápida corriente de aire.

Material necesario

hoja de papel
clip de papel grande
cinta adhesiva
ayuda de un adulto para enderezar el clip

¿Qué hay que hacer?

Corta en cuatro partes una hoja de papel DIN A4. Cada una medirá 15 × 10,5 cm. En este experimento usarás dos y en el siguiente las dos restantes. Así pues, no las tires. Coloca una plana y otra formando un ligero arco, bucle o colina sobre la primera, como se muestra en la figura.

Pega con cinta adhesiva el trozo de papel curvado a los bordes exteriores del papel plano. Acabas de construir una copia del ala o plano aerodinámico de un aeroplano.

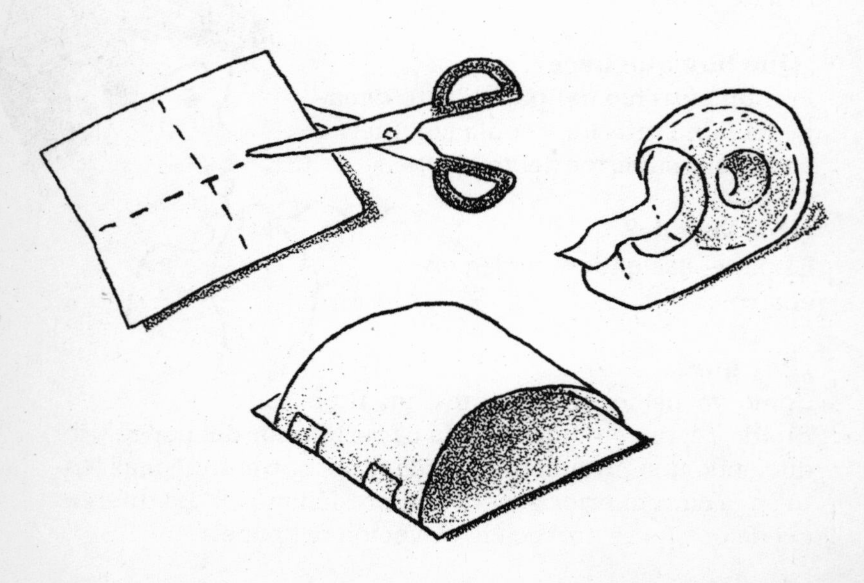

Ahora, con cuidado, endereza un clip de gran tamaño (si es necesario, pide la ayuda de un adulto) y pásalo por el centro de los dos trozos de papel, doblando un poco su extremo inferior para que el papel quede bien sujeto.

Con suavidad, pero también con rapidez, sopla en la cara delantera (la más corta) del plano aerodinámico, y vuelve a soplar justo debajo del mismo. (¡Recuerda que el aire es esencial para tu organismo! Descansa de vez en cuando.)

¿Qué sucede?

Cuando soplas una breve ráfaga de aire en la cara curvada del plano aerodinámico, éste se eleva, mientras que no se aprecia el menor movimiento cuando diriges la corriente de aire hacia la cara inferior del ala.

¿Por qué?

El principio de Bernouilli se encarga de explicarlo. Cuanto menor es la presión del aire en el plano superior del ala, la mayor presión en el plano inferior provoca la elevación (véase «La regla»).

Tubos y cilindros

Esta vez confeccionaremos un tubo y un cilindro, y veremos qué ocurre.

Material necesario

dos hojas de papel
cinta adhesiva
el clip de papel enderezado que utilizaste en «Alas»

¿Qué hay que hacer?

Corta en cuatro partes una hoja de papel DIN A4, enrolla una en forma de cilindro y pégala con cinta adhesiva. Coge otro trozo de papel y dóblalo por la mitad. Luego desdóblalo y vuelve a doblarlo, de tal forma que su extremo quede alineado con el doblez central. Une los extremos del papel hasta formar un tubo de sección cuadrada y pégalos con cinta adhesiva.

Pasa el clip enderezado, primero, por el centro del cilindro, y luego del tubo, observando lo que ocurre en cada caso. Asegúrate de que el orificio sea lo bastante grande para que el plano aerodinámico se pueda deslizar sin dificultades arriba y abajo del clip.

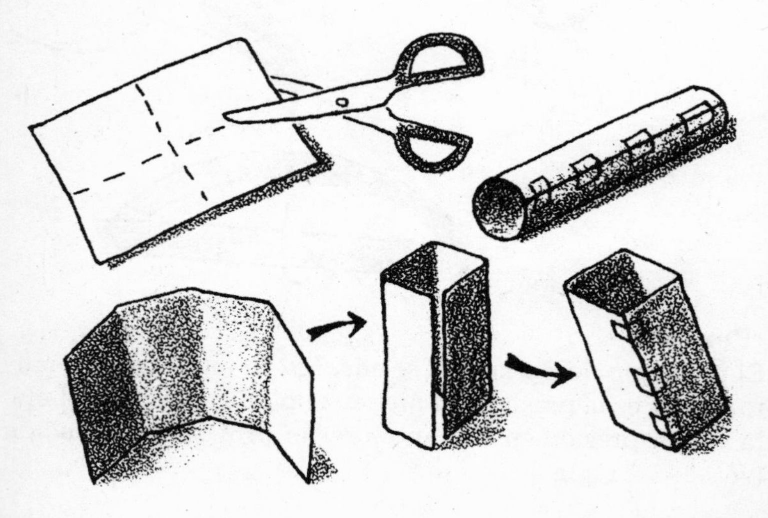

Al igual que hiciste en «Alas», sopla en la cara superior de cada modelo y después en la inferior. (¡No te olvides de respirar de vez en cuando!) ¿Has advertido alguna diferencia entre los movimientos del plano aerodinámico, el cilindro y el tubo cuadrado? ¿Hasta qué punto crees que es importante el diseño de las alas de un aeroplano?

¿Qué sucede?
El plano aerodinámico en forma de cilindro se eleva muy poco, mientras que el tubo de sección cuadrada ni se inmuta.

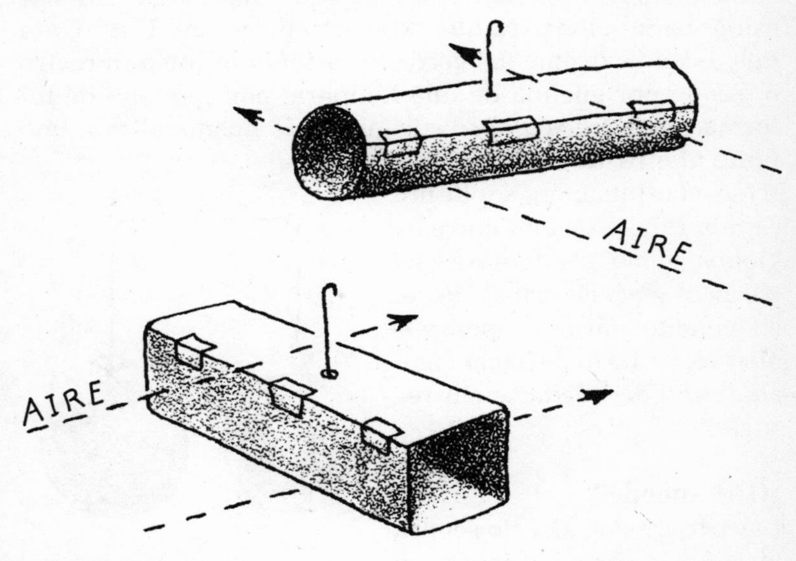

¿Por qué?
El empuje del aire sobre el ala de un aeroplano se denomina «resistencia». En lugar de contribuir a que el avión se desplace suavemente por el aire, interrumpe o bloquea el flujo, succionándolo hacia atrás.

De ahí que el diseño de las alas de un aeroplano sea fundamental. El plano aerodinámico creaba una suave corriente de aire alrededor del ala, mientras que las curvas y los ángulos del cilindro y el tubo cuadrado oponen mucha resistencia al aire, es decir, lo interrumpen y bloquean.

Globos

El aire influye de muchas formas distintas en las aeronaves, elevándolas e impulsándolas. Veamos cómo reaccionan entre sí dos globos en este experimento.

Material necesario

2 globos
cordel de 1 m de longitud

¿Qué hay que hacer?

Hincha los globos hasta que tengan el tamaño de una naranja y anúdalos para que no se escape el aire. Luego, ata uno a cada extremo del cordel y sostenlo frente a tu rostro o pásalo por encima de una lámpara, por ejemplo, de tal forma que los dos globos cuelguen a la misma altura, uno junto al otro, a unos 5 cm de distancia.

A continuación, sopla una rápida ráfaga de aire entre los globos, como si intentaras separarlos más. Descansa de vez en cuando para recuperar el aliento. Se trata de hacer ciencia..., ¡no de quedarte sin resuello!

¿Qué sucede?

La corriente de aire no separa los globos, como habías imaginado, sino que los acerca.

¿Por qué?

Al soplar entre los globos, el rápido movimiento del aire que circula entre ellos ha ocasionado una disminución de la presión del aire, y la mayor presión en la cara exterior de los mismos hace que se junten.

Ahora prueba con «Tubos de cartón» y otros experimentos, donde encontrarás más información acerca de la presión.

Tubos de cartón

Parece mentira, pero es cierto. Con dos tubos de cartón corrientes y molientes también se puede realizar un experimento que demuestra, una vez más, el principio de la presión del aire y de la elevación de Bernouilli.

Material necesario
2 tubos de cartón de papel higiénico
una mesa
una pajita de refresco

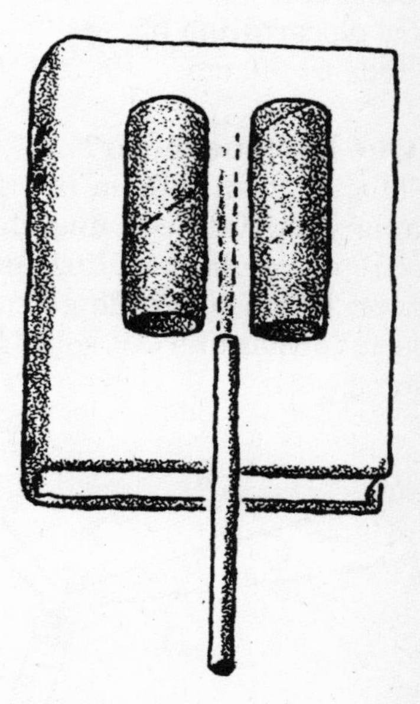

¿Qué hay que hacer?
Pon los dos tubos de cartón a 2 o 3 cm de distancia el uno del otro, y con una pajita de refresco, sopla una corriente constante de aire entre ellos. (Coloca los tubos sobre un libro grueso para realizar y visualizar mejor el experimento.)

¿Qué sucede?
El flujo de aire que sale de la pajita hace que los tubos rueden y se acerquen.

¿Por qué?
Cuando la rápida corriente de aire procedente de la pajita de refresco pasa entre los dos tubos, la presión del aire en dicho punto es menor que en la cara exterior de los mismos. La diferencia de presión es suficiente para aproximar o juntar los tubos.

Helicópteros 1

En los dos experimentos siguientes, te convertirás en un experto en el vuelo de los helicópteros. Con un simple lápiz y un trozo de cartulina blanda recrearás el efecto de la hélice –rotor– de un helicóptero.

Material necesario

tijeras
lápiz con goma
chincheta
tira de cartulina blanda,
de 3 × 40 cm

¿Qué hay que hacer?

Coloca el centro de la tira de cartulina sobre la goma del lápiz y sujétala con una chincheta. Luego, dobla los dos extremos de la cartulina hacia arriba desde el centro. Tu rotor, hélice o tira de cartulina debería formar una «V» sobre la goma.

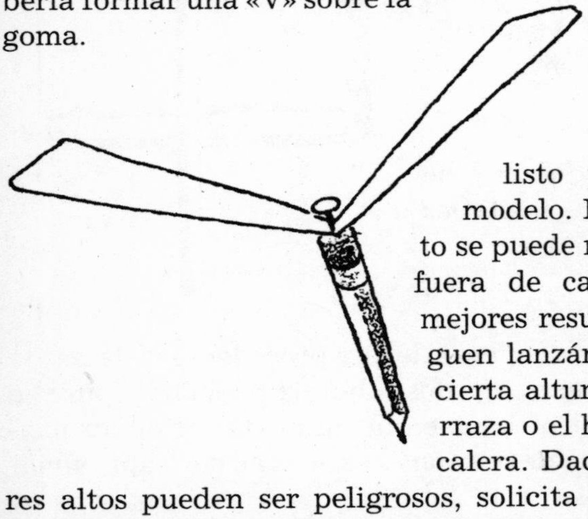

Ahora ya estás listo para lanzar el modelo. Este experimento se puede realizar dentro o fuera de casa, aunque los mejores resultados se consiguen lanzándolo desde una cierta altura, como una terraza o el hueco de una escalera. Dado que los lugares altos pueden ser peligrosos, solicita la ayuda de un adulto, ¡que de paso será testigo ocular de este momento histórico!

Para efectuar un buen lanzamiento, haz girar el lápiz entre las manos y suéltalo. Asegúrate de hacerlo girar y soltarlo siempre de la misma forma cada vez que realices el experimento. (Debería dar vueltas mientras desciende.)

Repítelo varias veces y, si es necesario, reajusta la posición del rotor hasta conseguir que tu helicóptero vuele a la perfección.

¿Qué sucede?
Con la práctica, lograrás que el aeromodelo con el rotor de cartulina gire y gire en el aire mientras desciende lentamente, casi flotando.

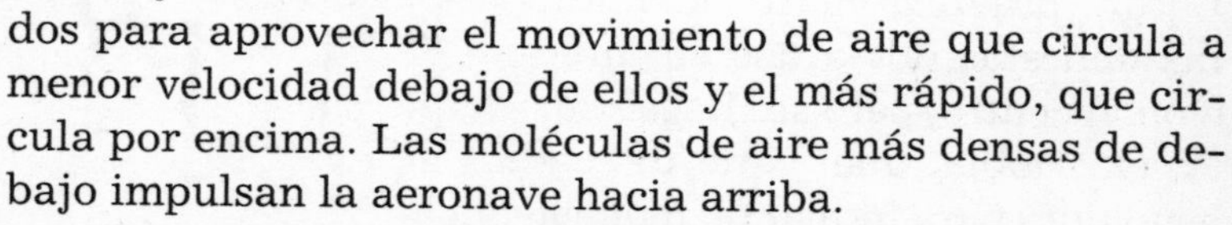

¿Por qué?
Al igual que las alas de un aeroplano, los rotores –las hélices de los helicópteros– son planos aerodinámicos y están diseñados para aprovechar el movimiento de aire que circula a menor velocidad debajo de ellos y el más rápido, que circula por encima. Las moléculas de aire más densas de debajo impulsan la aeronave hacia arriba.

El rotor de pequeño tamaño en la cola del helicóptero evita lo que se conoce como «par del motor», equilibrando la aeronave e impidiendo que gire, mientras que el rotor principal contribuye a que ascienda y gire, según su posición.

Aunque nuestro modelo de lápiz y cartulina con su rápido giro manual no conseguirá una excesiva elevación, reduce considerablemente la velocidad de caída mientras desciende.

Helicópteros 2

Sigamos adelante. En el experimento anterior construimos un rudimentario helicóptero de juguete con un lápiz y una cartulina. Ahora sustituiremos esta simple hélice por un rotor circular, otro de molinete y otro en forma de cruz. ¿Influirá el diseño del rotor en el tiempo de permanencia en el aire de tu aeromodelo? ¿Cuál de ellos girará y volará mejor?

¿Dónde reside la diferencia, en la longitud o en la anchura del rotor? Para saberlo, confeccionaremos rotores de distintas formas, longitudes y anchuras.

Material necesario

3 lápices con goma
tijeras
cartulina blanda
chinchetas

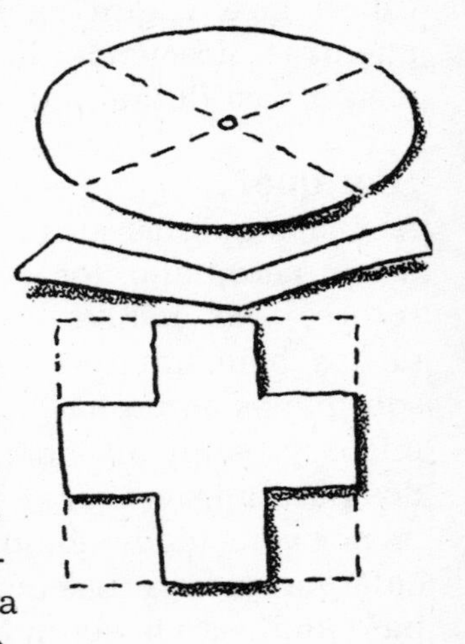

¿Qué hay que hacer?

Recorta un círculo de cartulina de entre 10 y 20 cm de diámetro. Luego, practica cuatro hendiduras opuestas dos a dos en dirección al centro, pero sin llegar hasta él. Dobla una cara de cada hendidura para formar un molinete. Acto seguido, corta una tira de 20 cm de longitud por 2 cm de anchura y dóblala por la mitad para formar una «V». Por último, recorta un cuadrado de cartulina de 15 cm de lado y forma una cruz cortando otro cuadrado de 5 cm de lado en cada vértice. Dobla los brazos de la cruz.

Ahora, pasa una chincheta por el centro de cada rotor de cartulina y clávala en la goma de un lápiz, asegurándote de que está bien sujeta en los tres modelos.

Para el lanzamiento, haz girar rápidamente el lápiz entre las manos y suéltalo. Los trucos y los consejos para conseguir un mejor resultado los encontrarás en «Helicópteros 1».

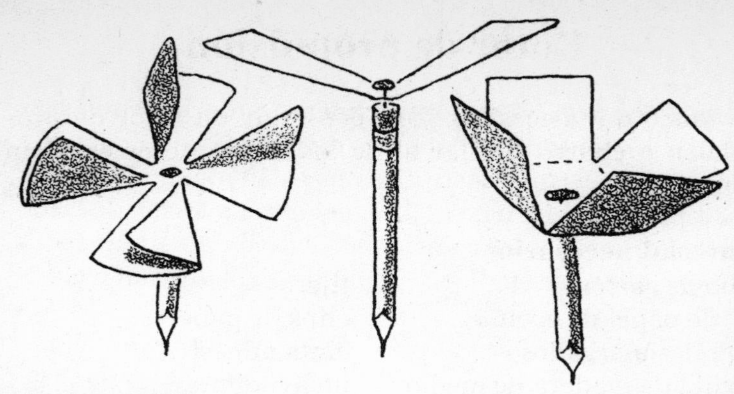

¿Qué sucede?
Con nuestros modelos experimentales, la tira de cartulina de 5 × 20 cm funcionaba bastante bien, pero era algo tosca. El plano aerodinámico sujeto con una chincheta lo era todavía más; la rotación era muy escasa y caía al suelo sin aprovechar las corrientes de aire. Sin embargo, el rotor de 15 cm en forma de cruz voló a la perfección, girando con suavidad y descendiendo lentamente.

¿Por qué?
De los tres modelos, el rotor en cruz es el más parecido al plano aerodinámico –hélice o rotor– de un helicóptero. Durante la rotación, las palas anchas con los cuatro extremos vueltos hacia arriba atrapan el aire inferior más denso y reducen su coeficiente de resistencia, lo que le permite prolongar el vuelo durante más tiempo (véase «Helicópteros 1»).

Reajustes
Repite el mismo experimento, intentando construir un plano aerodinámico de helicóptero perfecto reajustando las variables, o sea, otros factores que pueden influir en la rotación y el vuelo.

Por ejemplo, ¿aprecias alguna diferencia cuando el rotor es más largo o más ancho? ¿Y si la cartulina o el papel son más rígidos o más flexibles? ¿Conseguirías mejores resultados con un árbol de transmisión o un lanzador giratorio? ¡Lo descubrirás en el experimento siguiente!

Rotor de propulsión

Lo único que necesitas para construir un rotor de propulsión a chorro similar al de los helicópteros es... ¡un globo!

Material necesario

tubo de cartón de papel de cocina
2 globos alargados
varilla de madera de medio metro de longitud
tijeras
clips de papel
cinta adhesiva
un ayudante

¿Qué hay que hacer?

Pide a un adulto que practique dos orificios en el centro del tubo de cartón con la punta de unas tijeras. Deben estar totalmente opuestos entre sí para que la varilla de madera quede bien sujeta al insertarla. Pásala a través de los orificios y haz girar varias veces el tubo en la varilla hasta que gire libremente.

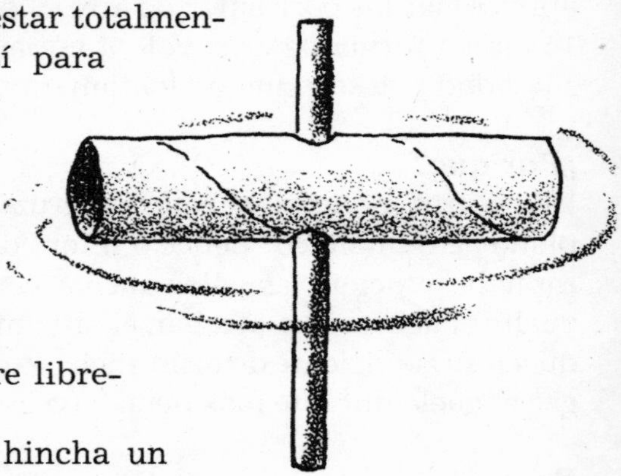

A continuación, hincha un globo alargado, retuerce la abertura, coloca un clip y pégalo con cinta adhesiva en uno de los extremos del tubo, asegurándote de que queda bien sujeto.

Repite la misma operación con el segundo globo y pégalo en el otro extremo del tubo, de manera que la abertura quede en posición opuesta a la del primero.

Ahora, ¡prepárate para entrar en acción! Para hacer dos cosas a un tiempo necesitarás un ayudante.

Mientras éste quita, con cuidado, el clip de uno de los

globos y sujeta la abertura para que no se escape el aire, tú harás lo mismo con el otro y, a una señal, ambos soltaréis los globos.

¿Qué sucede?
Al soltar los globos, el tubo empieza a girar.

¿Por qué?
La ráfaga de aire que sale de los globos situados en los extremos opuestos del tubo de cartón, los impulsa hacia delante, y hace girar el tubo alrededor de la varilla. Así pues, el empuje está provocado por la salida a chorro del aire. La tercera ley del movimiento de sir Isaac Newton lo explica mejor: a toda acción le corresponde una reacción igual y opuesta. ¿Cuál es la reacción de los globos? Desplazarse hacia delante. ¿Qué ocurriría si colocaras los dos globos con la abertura en la misma dirección? Pues que la fuerza de los chorros de aire se compensaría y el tubo no giraría alrededor de la varilla.

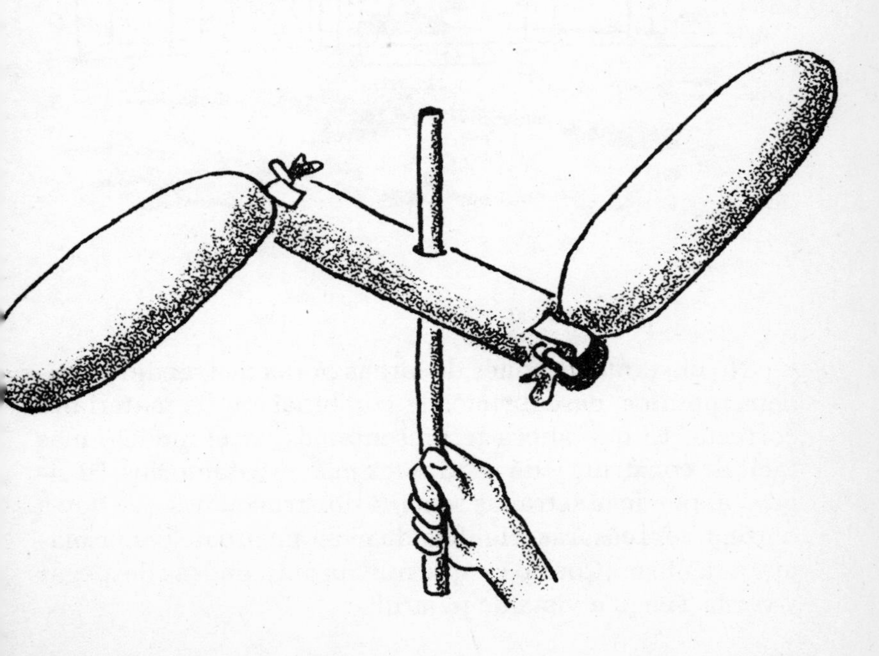

Plano aerodinámico

La primera vez que experimentamos con este plano aerodinámico rotatorio, o helicóptero, nos sentimos como los hermanos Wright. Usamos cartulina, plástico y otros materiales para las hélices –rotor– y la gente se rió de nosotros, al igual que hicieron con el primer «aeroplano» de los hermanos Wright, cuando el aparato se estrelló en el suelo y se hizo trizas.

No obstante, después de largas horas de trabajo y muchos intentos, descubrimos la combinación de materiales correcta. El que ahora te presentamos, es el modelo más fácil de construir y de resultados más satisfactorios. Si sigues al pie de la letra las sencillas instrucciones que voy a darte, no fracasarás. Ha llegado el momento de poner manos a la obra. ¡Confío en que muy pronto podrás despegar y ver la Tierra a vista de pájaro!

Material necesario

hilo de unos 70 cm de longitud
cartulina blanda, de 5 × 7 cm
papel de modelismo cuadrado, de 15 cm de lado
tijeras
lápiz con goma
chincheta
cinta adhesiva

¿Qué hay que hacer?

Enrolla el rectángulo de cartulina alrededor del lápiz para formar un cilindro, y luego pégalo con cinta adhesiva. Comprueba que el tubo es lo bastante ancho como para que el lápiz pueda girar en su interior (árbol de transmisión).

A continuación, recorta un cuadrado de 5 cm de lado en cada vértice del papel de modelismo, formando una cruz (véase «Helicópteros 2»). Coloca el rotor en cruz sobre la goma del lápiz y sujétalo con una chincheta, asegurándote de que está bien firme para que el rotor no se desensamble. Curva un poco las palas hacia arriba para que vuele mejor.

Por último, introduce la punta del lápiz –o unos 2 o 3 cm del mismo– en el cilindro-árbol de transmisión. Enrolla el hilo alrededor del lápiz (la sección que sobresale del cilindro), tal y como lo harías para enrollar la cuerda de una cometa en un palo, procurando que quede bien apretado y que no se enrede.

Aunque no es imprescindible, sería una buena idea hacer el primer vuelo de prueba de esta aeronave experimental desde un lugar elevado para poder analizar los resultados. Si es necesario, pide la ayuda de un adulto.

Tira del hilo rápidamente, pero con suavidad, y observa cómo tu helicóptero gira y se eleva en el aire.

Si no funciona como debería, presta atención a los factores siguientes; podrían influir en el vuelo ascendente:

1) ¿Has enrollado el hilo demasiado cerca del extremo superior del lápiz?
2) ¿Has introducido demasiada longitud del lápiz en el árbol de transmisión?
3) ¿Se ha soltado o se ha roto la chincheta que sujeta el rotor, o sigue estando en su sitio?
4) ¿Está demasiado apretado el árbol de transmisión alrededor del lápiz?
5) ¿Has empleado cuerda en lugar de hilo? (Las fibras de la cuerda son ásperas e impiden que el árbol de transmisión y el lápiz giren con suavidad.)

¿Qué sucede?

Al tirar del hilo que has enrollado alrededor del lápiz, éste empieza a girar –rotación–, generando un zumbido muy característico mientras el rotor se eleva en el aire.

¿Por qué?

La rápida acción del lápiz al girar hace que las palas del rotor se eleven, como reacción al aire que sale impulsado hacia abajo.

Horizonte artificial

¿Te gustaría construir el instrumento con el que los pilotos determinan la posición del aeroplano en vuelo? El *horizonte artificial* –giroscopio o giro-direccional Sperry– te indicará si estás volando nivelado, o en picado, o inclinándote a la derecha o a la izquierda.

Material necesario

tapa de caja de zapatos
bolsa de congelados
2 rotuladores
de distintos colores
regla
tornillo de vástago corto con
tuerca u otro tipo de sujeción
punzón (opcional)
cinta adhesiva

¿Qué hay que hacer?

Aplana y recorta los bordes de la tapa de zapatos y corta por la mitad la pieza rectangular de cartón. Luego, recorta en 3 cm una de las mitades (1).

Acto seguido, recorta un cuadrado de 8 cm de lado de la bolsa de congelados y, con un rotulador, traza una línea recta por el centro de la pieza (2).

Después, recorta un círculo de 7 cm de diámetro desde el centro de la pieza de cartón más larga y pega el plástico transparente con cinta adhesiva, de tal modo que la cara marcada con la línea quede a un lado. Comprueba que la línea está bien centrada (3).

Traza una línea de otro color en la segunda pieza de cartón, más corta que la primera, dividiéndola por la mitad. A continuación, traza una línea recta vertical y perpendicular a la segunda línea (90°), desde el punto medio del lado superior del cuadrado hasta el centro del mismo, formando una «T» invertida.

Por último, deberás superponer las dos piezas de cartón, colocando la de la ventana de plástico encima de la más corta (la de la «T»), y asegurándote de que las dos líneas coinciden perfectamente.

Pide a un adulto que practique un orificio en el punto medio del lado superior de ambos cartones, como si se tratara de un cuadro y quisieras colgarlo en la pared, y pon el tornillo y la tuerca (u otro tipo de sujeción).

La pieza posterior (más corta) debe moverse libremente de un lado a otro, como el péndulo de un reloj. Tu instrumento de vuelo ya está listo para la prueba.

La línea que trazaste en la ventana de plástico representa el ala, mientras que el cartón con las líneas en «T» muestra el horizonte, es decir, la línea que separa el cielo de la tierra.

Sujeta la pieza de cartón más larga, nivélala con el suelo y, lenta pero gradualmente, inclina el instrumento a la derecha y luego a la izquierda.

¿Qué sucede?
Si al inclinarlo la línea del horizonte está debajo del ala, eso querrá decir que el aeroplano está angulado hacia arriba, y si se halla encima de la línea del ala, que está angulado hacia abajo.

¿Por qué?
Un horizonte artificial de verdad ayuda al piloto a navegar con precisión aun sin visibilidad, indicándole si el avión asciende, desciende o está nivelado.

En el instrumento aparecen dos líneas: una representa el horizonte y la otra el ala. La línea del horizonte está equilibrada mediante un giroscopio –una especie de molinete– que la mantiene nivelada respecto al horizonte real. Es un instrumento tan preciso que las dos líneas se mantienen estables aunque el aeroplano no lo esté.

NOTA: Para que la lectura sea lo más exacta posible, las líneas de tu horizonte artificial deben coincidir al milímetro.

Barómetro

¿Sabes qué es un barómetro aneroide?, ¿no? Un instrumento muy similar al altímetro –medidor de la altitud– de un aeroplano. Aunque tu barómetro sin líquido no será capaz de medir la altitud sobre el nivel del mar, te permitirá familiarizarte con los cambios en la presión del aire.

Material necesario

tarro de cristal
de boca ancha
pajita de refresco
cinta adhesiva
globo grande
tijeras
regla
plastilina

¿Qué hay que hacer?

Corta la abertura del globo y practica una hendidura de 3 cm tal como se muestra en la ilustración. Ábrelo y ajústalo en la boca del tarro de cristal, como si estuvieses colocando un parche nuevo en un tambor. Procura que quede tenso, aunque no demasiado. Si lo haces como es debido, no se soltará de la boca del tarro y quedará cerrado herméticamente.

Luego coloca la pajita de refresco sobre el globo, justo en el centro, y sujétala con cinta adhesiva. Hazlo sin brusquedades, con la máxima delicadeza.

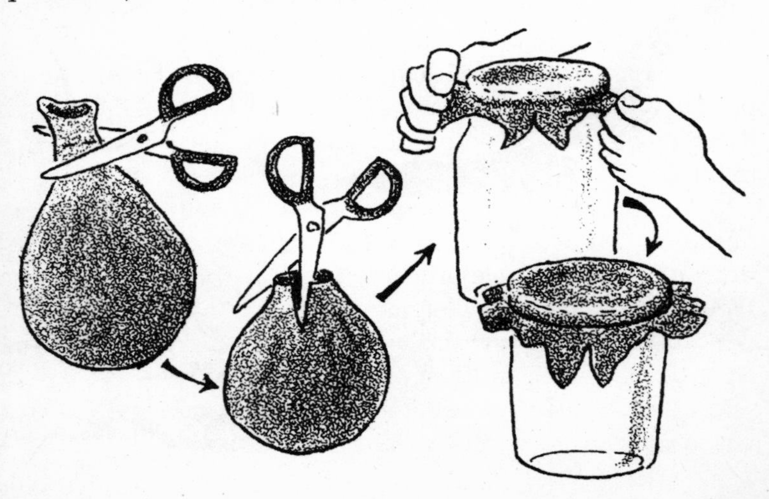

Por último, forma una bola con la plastilina, pega el extremo de la regla con la numeración más baja –la plastilina hará las veces de peana de tu regla-escala de medición–, acerca la regla a la pajita y anota cualquier movimiento ascendente o descendente.

¿Qué sucede?

La pajita se desplazará arriba y abajo registrando los cambios en la presión del aire contenido en el tarro.

¿Por qué?

Cuando la pajita se mueve hacia arriba, la presión aumenta, y cuando lo hace hacia abajo, disminuye.

El barómetro aneroide que acabas de construir es muy parecido al altímetro de un aeroplano, pero sin líquido, y a diferencia de aquél, sólo indica los cambios de la presión a nivel del mar.

Cuando un aeroplano asciende, la presión del aire disminuye y se registra en forma de caída en el altímetro. Al nivel del mar, el aire ejerce una presión mayor e influye en todo lo que hay en la Tierra.

NOTA: Para que la indicación de los cambios barométricos sea precisa, coloca el barómetro en un lugar seguro y resguardado durante un largo período de tiempo.

Timón de profundidad

Veamos lo que ocurre cuando el piloto desplaza a derecha e izquierda el timón de profundidad –de cola– del aeroplano.

Material necesario

cartulina blanda, de 25 × 30 cm
regla
lápiz
tijeras
2 chinchetas
envase de cartón de pasta dentífrica de tamaño mediano
2 chinchetas
2 clips
1 clavo
la ayuda de un adulto

¿Qué hay que hacer?

Con una regla, traza una línea de unos 20 cm de longitud en el centro de la cartulina, y luego coloca la regla junto a esa línea y traza las líneas restantes a su alrededor para formar la silueta de la regla. Habrás dibujado un rectángulo muy largo.

Ahora se trata de construir un fuselaje de aeroplano con una superficie de ala de 10 × 5 cm a cada lado (los 10 cm corresponden a la envergadura y los 5 cm a la anchura). Por lo tanto, deberás trazar una línea de 10 cm de longitud a partir de unos 5 cm más abajo del borde superior del rectángulo y hacia el exterior. Hazlo en ambos lados del fuselaje. Acto seguido, desde el final de las líneas de las alas, traza líneas de 5 cm paralelas al fuselaje –la anchura de las alas–. Luego, traza las líneas restantes a ambos lados para completar la sección del ala.

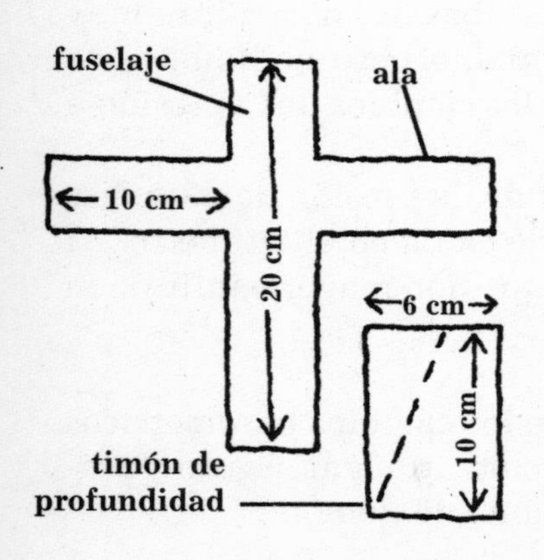

Con la cartulina sobrante, recorta un rectángulo de 10 × 6 cm. Con esta pieza confeccionarás el timón de profundidad. Ahora recorta la plantilla del aeroplano y del timón, y corta una pieza sesgada en una cara del timón.

Alinea la plantilla del aeroplano y sujétala con una chincheta a una de las caras más estrechas del envase de pasta dentífrica.

Extiende la tapa-lengüeta posterior del envase –flap de cola– y fija el timón al flap con un clip, de manera que la cara recta del timón mire en dirección opuesta al fuselaje.

¡Utensilio puntiagudo!

Las heridas por pinchazo son dolorosas; pide la ayuda de un adulto para abrir y enderezar la sección correspondiente del clip. El extremo recto del clip debe atravesar la cara inferior del envase por el centro (por debajo del modelo de aeroplano de cartulina y por detrás del ala) y salir por la cara superior. Puedes utilizar un clavo para practicar los orificios. Para más seguridad, y para que el aeroplano no se suelte del clip, dobla la parte que sobresale por el extremo superior.

Tu aeromodelo está listo para empezar las pruebas.

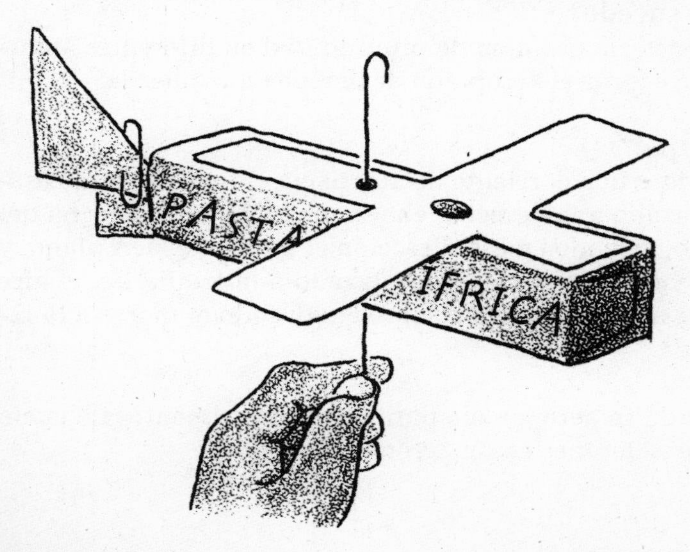

Para ello, desplaza el timón de profundidad hacia el ala derecha visto desde atrás, sitúate frente al aeroplano, sosténlo por el vástago del clip que sobresale por debajo y sopla con suavidad hacia el timón.

Ahora repite la misma operación, pero invirtiendo la dirección del timón, es decir, desplazándolo hacia la izquierda. Dado que el timón está sujeto a la cara derecha del flap, tendrás que empujarlo con fuerza hacia la izquierda.

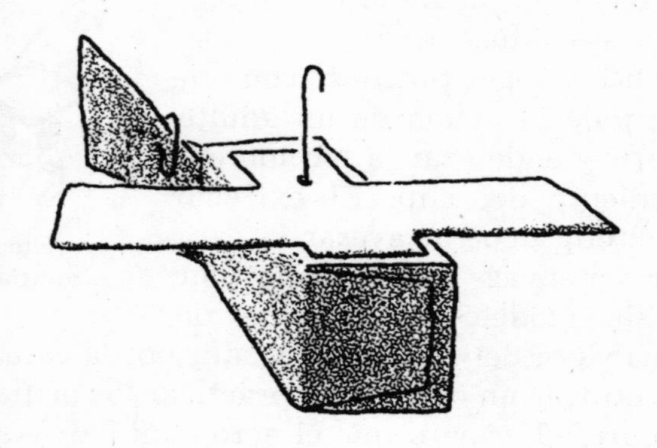

¿Qué sucede?
Soplar hacia el timón de profundidad en diferentes ángulos hace girar el aeroplano de derecha a izquierda.

¿Por qué?
Si diriges una corriente de aire hacia el timón cuando está desplazado a la derecha, choca contra la cara derecha del mismo, girando en esa dirección el morro del aeroplano, y si lo haces cuando está desplazado a la izquierda, el aire vuelve a ejercer presión sobre él, girando el morro a la izquierda.

*Guarda tu aeromodelo para otros experimentos de vuelo (véase «Alerones en un aeromodelo fijo»).

Flaps en un aeromodelo fijo

En «Timón de profundidad» has construido un aeroplano de modelismo con un timón de cola que controlaba los giros a derecha e izquierda, lo que en lenguaje aeronáutico se denomina «estabilidad direccional o de guiñada». Ahora darás un paso más y recortarás flaps en las alas de tu aeromodelo, los cuales te permitirán controlar nuevos giros. Asimismo, aprenderás muchísimas cosas sobre los movimientos direccionales a derecha e izquierda, ¿de acuerdo? ¡Vamos allá!

Material necesario

aeroplano de «envase de pasta dentífrica»
tijeras
lápiz
regla

¿Qué hay que hacer?

Coge el modelo del experimento «Timón de profundidad» y haz dos marcas en cada ala, a 4 cm de distancia la una de otra, comprobando que la superficie sea idéntica en las dos.

Luego traza dos líneas rectas verticales de 2 cm de longitud en cada ala desde la última marca de cada área de 4 cm. Representarán los flaps o alerones del ala. A continuación, practica un corte en cada línea recta (dos cortes en un ala y otros dos en la otra). Si doblas las secciones recortadas, dispondrás de sendos flaps móviles.

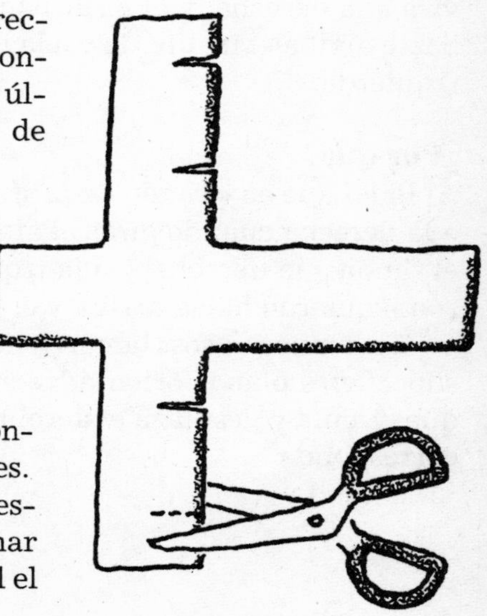

Observa el aeroplano desde la cola para determinar cuál es el ala derecha y cuál el ala izquierda en las instrucciones siguientes. Gira el alerón derecho hacia arriba, el izquierdo hacia abajo y el timón de profundidad a la derecha. Ahora, situado de frente al aeroplano, sopla hacia el flap doblado hacia arriba. ¿En qué dirección gira el avión? Recuerda que la denominación «giro del ala a la derecha o a la izquierda» se basa en la posición del aeromodelo visto desde atrás, no desde delante. No te olvides tampoco de alinear el modelo con la mano derecha e izquierda.

Ahora invierte la posición de los flaps, con el izquierdo hacia arriba, el derecho hacia abajo y el timón a la izquierda. Vuelve a soplar desde el morro del aeroplano. ¿En qué dirección gira esta vez?

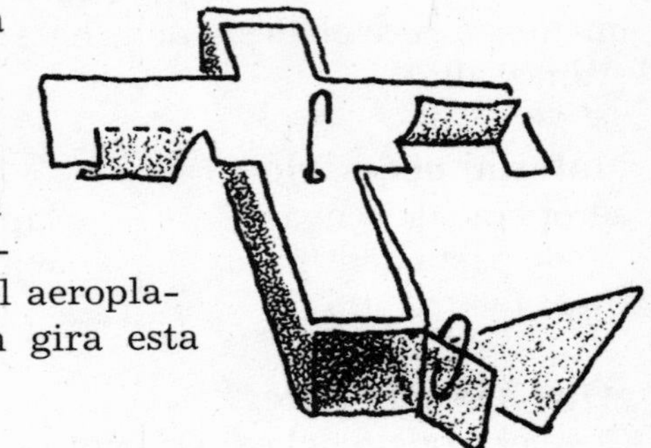

¿Qué sucede?

Al girar hacia arriba el alerón derecho, hacia abajo el izquierdo y a la derecha el timón de profundidad, el modelo vira a la derecha, y al girar hacia abajo el alerón derecho, hacia arriba el izquierdo y a la izquierda el timón, vira a la izquierda.

¿Por qué?

Al igual que en «Timón de profundidad», el aeroplano vira a la derecha cuando giras el alerón derecho hacia arriba y el timón a la derecha, y a la izquierda cuando giras el alerón izquierdo hacia arriba y el timón a la izquierda.

En ambos casos, la corriente de aire choca contra las superficies planas orientadas en la misma dirección en la que circula y desplaza el aeroplano a un lado u otro según corresponda.

Flaps en un aeromodelo móvil

Ya has aprendido algunas cosas sobre alerones y flap del timón de profundidad con un modelo estacionario, sin movimiento. ¡Vayamos un poquito más lejos! Ahora lanzarás y harás volar un aeromodelo real con flaps móviles, e incluso añadirás un estabilizador –la pieza plana y horizontal de la cola– a tu avión experimental. ¿Qué te parece? Sensacional, ¿verdad?

Material necesario

cuadrado de cartulina blanda de 30 cm de lado
lápiz
regla
tijeras
clips
cinta adhesiva

¿Qué hay que hacer?

Dibuja las distintas secciones de tu aeromodelo. Primero, traza un rectángulo largo (25 cm), de la anchura de la regla, en el centro de la cartulina. Cuando lo hayas doblado longitudinalmente, ya tendrás el fuselaje. Practica cuatro hendiduras para insertar las alas y los estabilizadores, tal y como se muestra en la ilustración.

Añade el timón de profundidad al fuselaje trazando una línea de 8 cm desde el vértice superior izquierdo del rectángulo, y luego otra línea perpendicular de 5 cm hacia la derecha, en dirección al morro de tu aeromodelo. Por último, traza una línea diagonal hacia abajo, hasta el lado superior del rectángulo. Esta sección unida al fuselaje constituye el timón de profundidad.

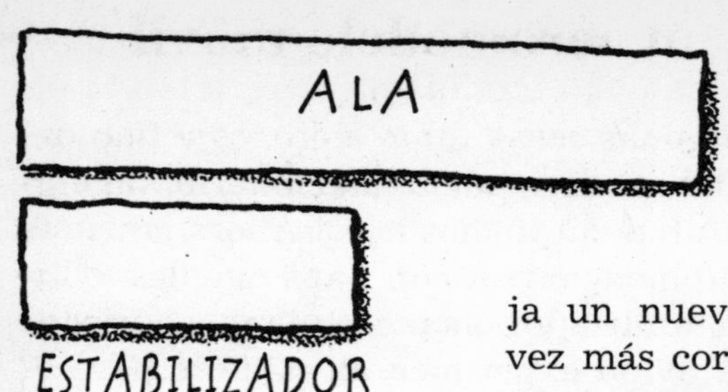

Para el ala, traza otro rectángulo de 25 cm de longitud y de la anchura de la regla.

Después, dibuja un nuevo rectángulo, esta vez más corto, de 12,5 × 5 cm, que representará el estabilizador del aeroplano, es decir, la sección horizontal del timón de profundidad.

Para ensamblar el modelo, recorta el fuselaje con el timón incorporado, el ala y el estabilizador.

Dobla el fuselaje longitudinalmente, por la bisectriz, y asegúralo con un clip. (Cuando hayas terminado de ensamblar el modelo, podrás quitarlo.)

Ahora, a 4 cm del morro del aeroplano, en el centro del fuselaje doblado por la mitad, traza una línea de 4 cm. Solicita la ayuda de un adulto para cortar una hendidura en el fuselaje doblado, que es donde deberás insertar el ala. Traza una línea similar y practica otra hendidura en la base del timón de profundidad, introduce el estabilizador y el ala en sus hendiduras correspondientes, ajústalas y refuerza su posición pegándolas al fuselaje con cinta adhesiva.

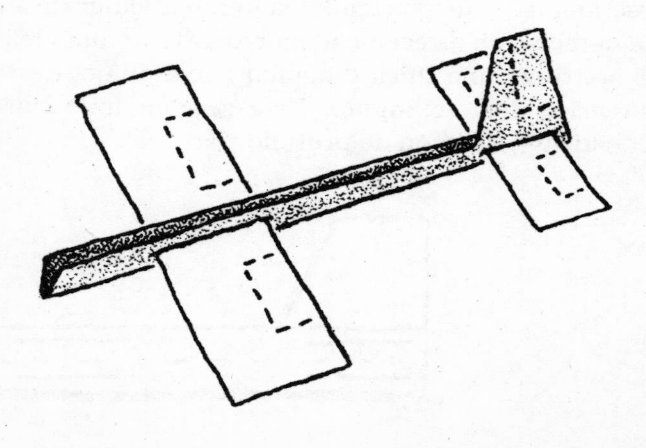

Si las secciones del aeroplano son de gran tamaño y vuela mal, dale un toque aerodinámico, recortando los extremos de las alas, del timón y del estabilizador para redondearlas, cortando el morro en ángulo, acortándolo ligeramente y colocando 4 o 5 clips para equilibrarlo y añadirle peso, al tiempo que eliminas el clip o clips con los que hayas sujetado el fuselaje al doblarlo y que ahora ya son innecesarios.

Los recortes y reajustes del peso de último momento son esenciales para que el aeroplano sea estable y, lo más importante, vuele bien.

Antes de cortar los flaps en las alas, el timón y el estabilizador, lleva el modelo fuera y efectúa una prueba de vuelo. Ten en cuenta que la forma de lanzarlo es una variable fundamental (véase «Pautas de vuelo»).

Cuando el aeroplano vuele bien, corta los flaps a la misma distancia en las alas, el estabilizador y el timón de profundidad; dóblalos hacia arriba en el estabilizador para que ascienda o hacia abajo para que descienda, y gira los alerones (flaps de las alas) y el timón (flap de cola) a derecha o izquierda para hacer los virajes. ¡A volar!

¿Qué sucede?

El modelo vuela de una u otra forma dependiendo de la posición de los flaps.

¿Por qué?

Cuando el alerón del ala izquierda está doblado hacia arriba y el flap del timón de profundidad lo está hacia la izquierda, la corriente de aire choca con los flaps y hace virar el modelo en esa dirección, y cuando el alerón derecho y el timón se hallan en la dirección opuesta, lo hace virar en la dirección opuesta.

Asimismo, el flap móvil en el estabilizador –la pieza horizontal de la cola– desplaza al aeroplano según la cara en la que impacta la corriente de aire. Si está doblado hacia abajo, desciende, y si está doblado hacia arriba, asciende.

PAUTAS DE VUELO

Cuando saques tu aeroplano al aire libre y lo lances, recuerda que estás realizando un experimento científico, y que al igual que todos los experimentos científicos, debe hacerse científicamente. Si el modelo no vuela todo lo bien que desearías –¡o vuela rematadamente mal!–, es muy probable que exista una explicación científica.

Repasa la sección «Flaps en un aeromodelo móvil». ¿Recortaste y ajustaste correctamente los pesos en tu prototipo? ¿Diste a las alas, al fuselaje, al timón de profundidad y al estabilizador un trazado aerodinámico redondeando los vértices? Si no es así, es muy posible que el aeroplano no vuele con la suavidad deseada.

Reajusta los clips del morro y, si es necesario, no temas añadir más, quitar unos cuantos, recolocarlos o usar clips más grandes y más pesados.

No olvides que esto es un experimento y que su objetivo consiste en conocer qué factores mejoran el vuelo del aeromodelo. Arriésgate y no tengas miedo de probar cuanto se te ocurra para conseguir que vuele más alto, más recto y a mayor distancia.

También podrías construir varios modelos con diferentes diseños, modificando ligeramente las directrices de «Flaps en un aeromodelo móvil». Los aeroplanos de mayor tamaño suelen cubrir distancias más largas y virar menos. Las posibilidades son infinitas.

Para efectuar los mejores lanzamientos, localiza el centro de gravedad del prototipo. Si lleva clips en el morro, coloca el índice y el pulgar debajo del ala, y cuando se mantenga en perfecto equilibrio habrás encontrado el centro de gravedad. Es ahí por donde debes sujetarlo. En nuestro caso, el centro de gravedad está situado detrás de las alas.

Si sostienes el aeroplano por el punto de equilibrio, lograrás vuelos más rectos, más suaves y más largos cada vez.

¡A divertirse! Con un planeador en la mano, la emoción está asegurada.

Motor

Los modernos aviones a reacción usan una mezcla de aire comprimido y combustible caliente para hacer girar una serie de ventiladores montados en unos ejes llamados turbinas.

Luego, este aire comprimido se canaliza hasta la cola de la aeronave y se expulsa a chorro, impulsándola o «empujándola» hacia delante. Los primeros aviones turbopropulsados utilizaban árboles de transmisión –o árboles de hélice– y turbinas que desempeñaban la misma función, aunque sus prestaciones eran mucho más limitadas que las de los jets actuales. Con este experimento fácil y divertido, aprenderás cómo funcionaban aquellos primitivos aparatos a reacción. ¡No desaproveches la ocasión!

Material necesario

vaso de plástico con tapa, de tamaño mediano (¡guarda uno cuando vayas a un restaurante de comida rápida!)
un trozo de plastilina (del tamaño de una canica grande)
pajita de refresco
aro de goma
cartulina
tijeras
regla
pajita de refresco
cinta adhesiva

¿Qué hay que hacer?

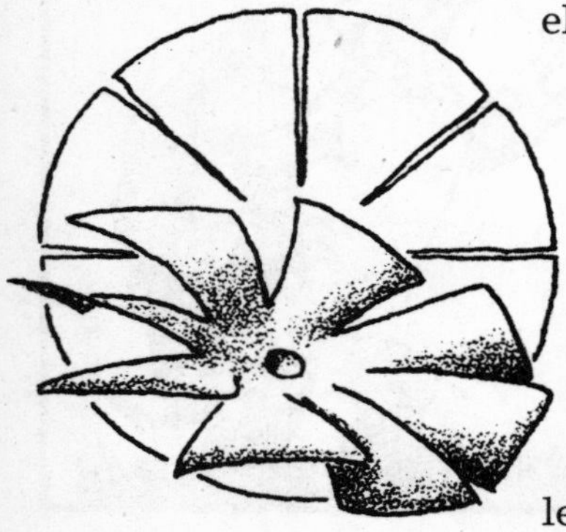

Corta una sección rectangular en el lateral del vaso, tal y como se muestra en la ilustración, haz un orificio en el centro de la base del vaso y recorta las lengüetas de la tapa, por donde se introduce la pajita para beber.

Traza dos círculos de 8 cm de diámetro en una cartulina y divídelos en ocho partes iguales con otras tantas líneas.

Luego, practica un corte de tres cuartos en cada línea y, con mucho cuidado, dobla las secciones en diagonal (una punta hacia arriba y la otra hacia abajo) para que se asemejen a las palas de un ventilador. Refuerza los cortes y repara los desgarros con cinta adhesiva.

Practica un orificio en el centro de cada hélice e inserta en ellos una pajita de refresco. Sitúa las piezas en el centro de la pajita, dejando 5 cm de separación entre ellas.

Inserta el extremo inferior de la pajita con sus hélices en el orificio de la base del vaso, al tiempo que colocas la tapa e introduces el extremo superior de la pajita por su orificio. Comprueba si el ensamblaje gira con facilidad. Si no es así, ensancha un poco más los orificios para que la pajita pueda girar libremente.

Para construir la hélice, recorta un rectángulo de cartulina de 13 × 2,5 cm.

Practica pequeñas hendiduras en el centro de cada lado y, con mucha delicadeza, dobla cada sección en direcciones opuestas. Esto conferirá a la hélice su forma tridimensional.

Ensámblala enrollando un aro de goma alrededor de la pajita (la sección que sobresale de la tapa). Esto hará las veces de amortiguador entre la hélice y la tapa, y aquélla girará mejor. Después, pon la hélice en el extremo de la pajita (tendrás que hacer un agujero en el centro de la hélice), sobre el aro de goma enrollado.

Por último, asegura la hélice colocando una bola de plastilina en el extremo superior de la pajita, sobre la hélice.

Ahora ya estás preparado para probar tu modelo de propulsión a chorro. Sopla hacia los lados de la hélice y observa lo que ocurre.

¿Qué sucede?

Al dirigir una corriente de aire a los lados de la hélice, las piezas de la turbina-compresor giran.

¿Por qué?

Aunque nuestro modelo turbopropulsado experimental es divertido de construir y de probar, en realidad no muestra cómo funciona una turbina de verdad, sino que básicamente está diseñado para demostrar hasta qué punto es indispensable el movimiento de las piezas de la turbina en el proceso de la propulsión a chorro. En un motor turbopropulsado real, las turbinas hacen girar las hélices, mientras que en nuestro modelo es la hélice la que hace girar las piezas de las turbinas.

Como ya hemos dicho antes, en un motor a reacción moderno, el aire que entra por la parte delantera del avión se comprime, la ignición del combustible se produce en una caldera y los gases calientes son expulsados por la parte trasera del aparato. El impulso, o «empujón hacia delante», del avión, se explica mediante la tercera ley del movimiento de Newton, enunciada en 1687, según la cual, a toda acción le corresponde una reacción igual y opuesta.

Empuje

En el experimento anterior, aprendimos algo más sobre la tercera ley del movimiento de Newton: a toda acción le corresponde una reacción igual y opuesta.

Al inyectar aire con combustible en el motor de un avión de propulsión a chorro, empieza a arder –se activa–, y el aire caliente que se expulsa por la parte posterior de la aeronave la impulsa hacia delante. Es un ejemplo perfecto de empuje. Con algunos experimentos muy simples, pero también muy importantes, profundizaremos un poco más en la aplicación de esta ley a los cohetes y aviones.

Material necesario

globos
cinta adhesiva
hoja de papel DIN A4
tijeras

¿Qué hay que hacer?

Primero, hincha unos cuantos globos y suéltalos. Como verás, el aire sale por la abertura y los impulsa hacia delante. Pues bien, en los aviones y cohetes sucede algo parecido.

Puedes construir un cohete muy sencillo (más adelante construirás otros más complicados) enrollando una hoja de papel en forma de cilindro y pegándola con cinta adhesiva.

Luego, corta un trozo de cinta adhesiva de unos 15 cm de longitud, pégala alrededor del cuello del globo, sin cerrar la abertura y, formando un puente con el globo y la cinta, pégala a los lados del cilindro, de tal modo que puedas introducir un dedo en el espacio que queda entre la cinta y el cilindro. Asimismo, el cuello del globo debe estar orientado hacia el interior del cilindro, aunque con la abertura lo bastante alejada como para poder hincharlo.

Ahora, hínchalo y sujeta el extremo de la abertura hasta que estés listo para soltarlo. Si la cinta adhesiva empieza a despegarse, colócala de nuevo. Cuando todo esté en orden, suelta el globo y observa lo que ocurre.

Cuando el aire que sale por la abertura del globo penetra en su interior del cilindro-cohete, éste sale impulsado hacia delante.

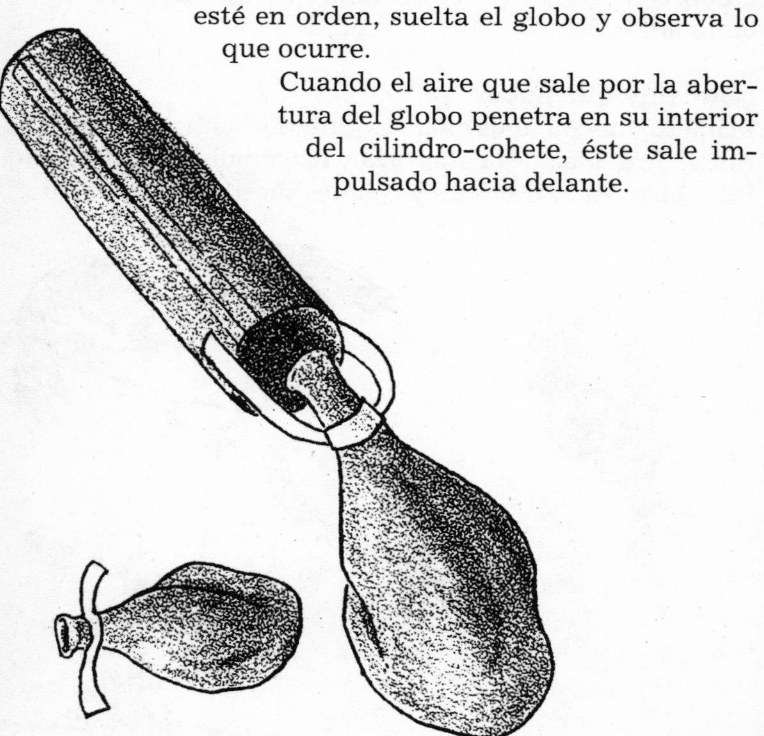

LAS PODEROSAS BOLSAS VOLANTES

Desde las eras más remotas, la humanidad ha contemplado, asombrada, el vuelo de las aves y ha soñado con emularlas, y no ha cesado jamás de intentarlo.

Ya en el año 1600, mucho antes de la invención del aeroplano, la gente hablaba de cestas atadas a esferas o bolas volantes. Durante años, se experimentó con toda clase de globos y bolsas enormes hinchadas con gases más ligeros que el aire, pero no fue hasta 1783 cuando un fabricante de papel francés, Etienne Montgolfier, consiguió elevar con éxito, por vez primera, un globo o aerostato usando aire caliente.

Al calentarse, el aire dentro del globo se expande y se hace más ligero que el aire que lo rodea. Uno de los principales problemas de los primitivos aerostatos de aire caliente consistía en su enfriamiento. Más tarde llegaría el quemador de propano, que colgaba debajo del globo, y se solucionó el problema.

En la actualidad, los aficionados a los aerostatos de aire caliente siguen disfrutando de la sensación de poder flotar en silencio arrastrados por las corrientes de aire; además, los globos han tenido y continúan teniendo muchas aplicaciones, tales como la exploración de la atmósfera, la obtención de datos e información meteorológica, e incluso la comunicación. Así pues, prepárate para vivir unas cuantas experiencias con la presión del aire y el aire caliente, y para aprender más cosas sobre las comunicaciones mediante aerostatos de helio.

Bolsas en equilibrio

Con este experimento mágico te lo pasarás en grande aprendiendo cómo se comporta el aire caliente. Es facilísimo de hacer y sólo necesitarás materiales de uso cotidiano que puedes encontrar en casa, aunque eso sí, te hará falta un ayudante y un pulso firme.
¡ATENCIÓN!: Es aconsejable la colaboración de un adulto, ya que la actividad requiere el manejo de una bombilla encendida. Guarda los materiales para el experimento siguiente.

Material necesario

2 bolsas de papel
2 clips
un ayudante
regla
cordel de 30 cm
tijeras
lápiz
lámpara de mesa

¿Qué hay que hacer?

Abre completamente las dos bolsas de papel y pon un clip en los dos extremos planos y cerrados de cada bolsa.

Corta el cordel por la mitad, atando un trozo a los dos clips de la primera bolsa y el otro a los de la segunda. Por último, ata cada una de las bolsas a uno de los extremos de una regla.

Pide a tu ayudante que desmonte la pantalla de una lámpara de mesa, que debería ser lo bastante baja para que tú o tu ayudante podáis sostener una de las bolsas sobre la bombilla.

Ahora, coloca –tú o tu ayudante– la regla sobre el extremo de un lápiz.

Durante unos minutos, sostén una de las bolsas sobre la bombilla encendida. Si quieres ver lo que ocurre, deberás tener el pulso firme. ¡Ten paciencia y verás!

¡Bombilla caliente!

¿Qué sucede?

Al poco rato, uno de los extremos de la regla, con su correspondiente bolsa colgando, se inclinará ligeramente hacia un lado y al final caerá.

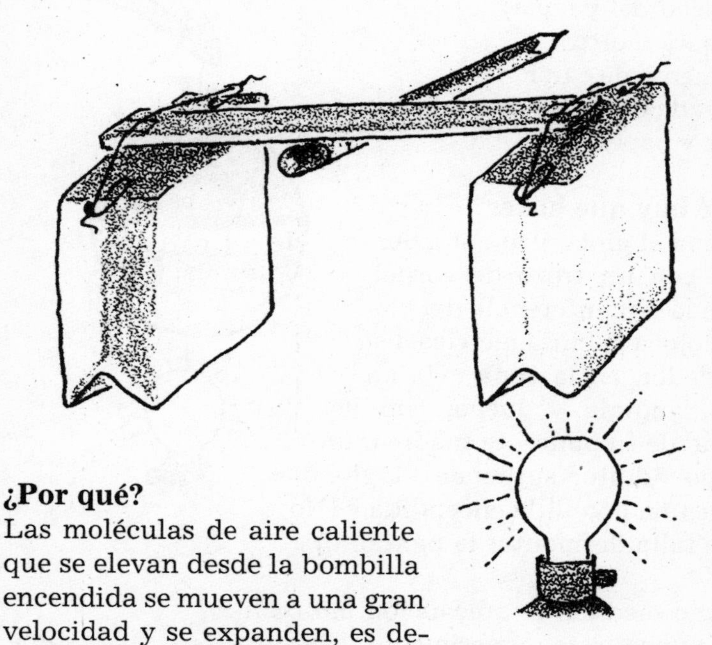

¿Por qué?

Las moléculas de aire caliente que se elevan desde la bombilla encendida se mueven a una gran velocidad y se expanden, es decir, se separan. Es este aire más caliente y expandido el que empuja la bolsa y la eleva poco a poco.

Efectos del calor

Una vez más, vas a comprobar que el aire se expande cuando se calienta. ¡Que se preparen los globos y las bolsas, porque vamos a por ellos! Hincha unos cuantos globos y ten a mano la cinta métrica. Seguro que ardes en deseos de saber lo que va a ocurrir. ¡Adelante, pues!

Material necesario
globo
cordel
cinta métrica
(o cordel y regla)
lámpara u otra
fuente de calor
la ayuda de un adulto
lápiz y papel

¿Qué hay que hacer?
Hincha el globo y ata su abertura con un trozo de cordel, mide la circunferencia del globo (coloca la cinta métrica a su alrededor, en la zona más ancha), anótala y, luego, con la ayuda de tu padre, tu madre o un amigo adulto, suspende el globo sobre una bombilla encendida.* (No hace falta desmontar la pantalla.)

*Como medida de precaución, no realices nunca este experimento con un electrodoméstico o un aparato generador de calor sin el consentimiento y la ayuda de un adulto.

Para que toda la superficie del globo se caliente por un igual, deberás darle la vuelta poco a poco durante dos o tres minutos. Luego, sin alejarlo de la fuente de calor (aquí es donde realmente necesitarás un ayudante..., ¡a menos que tengas tres manos!), vuelve a medir su circunferencia (siempre por la zona más ancha) y anótalo.

¿Qué sucede?
¡El globo es más grande que antes!

¿Por qué?
Al calentar el globo, el aire que hay en su interior también se calienta y las moléculas se desplazan a una mayor velocidad, chocando unas con otras e incrementando el tamaño del globo.

CALIENTA UN GLOBO

Vamos a repetir el mismo experimento, pero modificando las condiciones.

Pega, con cinta adhesiva, un globo al cristal de una ventana soleada y mide su perímetro antes y después de haberlo expuesto al calor del sol. Mídelo también a intervalos regulares, como, por ejemplo, cada diez o quince minutos. ¿Continúa creciendo? ¿Cómo calificarías su cambio de tamaño comparado con el del globo que sostenías sobre la bombilla encendida?

Retira el globo de la ventana hasta que el aire que hay en su interior recupere la temperatura normal. ¿Cuánto tiempo tarda en hincharse parcialmente al exponerlo al calor después de haber sometido a expansión el aire de su interior?

Molinete

Dado que las moléculas de aire se expanden al calentarse, el aire caliente de un aerostato es mucho más ligero que el aire que lo rodea, y esto es lo que le permite elevarse.

Ahora descubrirás cómo se puede aprovechar otro tipo de gas para hacer girar un molinete.

Material necesario

círculo de papel de aluminio
de 10-13 cm de diámetro
pajita de refresco flexible
recipiente de agua
caliente en un fogón
aguja de coser
tijeras
ayuda de un adulto

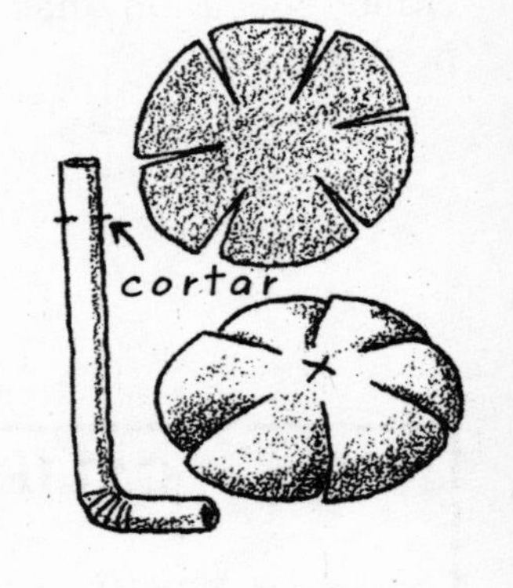

¿Qué hay que hacer?

Practica seis hendiduras de 2,5 cm de longitud y a intervalos regulares alrededor del perímetro de un círculo de papel de aluminio. Coloca la cara brillante debajo y, con mucho cuidado, dobla los cortes hacia abajo y hacia atrás para formar una especie de hélice (algo parecido a un molinete invertido). Haz un orificio muy pequeño en el centro del círculo.

Ahora corta un trozo de pajita de refresco flexible (2,5 cm de longitud) y utilízala a modo de pieza de equilibrio (como el fiel de una balanza). Pide a un adulto que te ayude a pasar la aguja de coser por el centro de la pajita, formando una «T», de manera que el ojo sobresalga por encima de la sección perpendicular.

A continuación, siempre con la cara brillante del papel de aluminio hacia abajo, coloca el molinete invertido sobre el ojo de la aguja y ajusta las palas de la hélice (círculo) para que permanezcan ligeramente dobladas hacia abajo.

Dobla la pajita flexible, dale la forma de una pipa e introduce la punta de la aguja en la parte doblada de la pajita.

El siguiente paso debe realizarse con sumo cuidado y con ayuda. Pide a un adulto que vierta un vaso de agua en un recipiente y que lo ponga a calentar en un fogón de la cocina. Cuando el agua empiece a hervir y a evaporarse, dile que sostenga la pajita y que coloque el molinete sobre el agua.

Fogón-vapor
¡Agua caliente!

trozo de pajita

aguja

¿Qué sucede?
El molinete de papel de aluminio empieza a girar lentamente.

¿Por qué ?
Aunque el aire caliente y el vapor no son lo mismo, ambos son gases y, por lo tanto, son capaces de hacer funcionar motores a vapor y de elevar aerostatos de aire caliente.

En este caso, el vapor es vapor de agua caliente, es decir, un gas, y sus moléculas, al igual que las del aire caliente, se mueven más deprisa y ocupan más espacio, generando la energía necesaria para desplazar o impulsar un objeto. En nuestro experimento, las moléculas ascendentes de un gas calentado hacen girar el molinete.

LA GRAVEDAD

Hubo un tiempo en que los astrónomos, matemáticos y científicos en general creían que los planetas describían órbitas circulares alrededor del Sol con una velocidad constante, cuando, en realidad, hoy sabemos que lo hacen describiendo órbitas elípticas –ovaladas– y que, dependiendo de la mayor o menor distancia a la que se hallan del astro rey, así como de su impulso gravitatorio, se aceleran o desaceleran lo suficiente como para evitar ser engullidos por él.

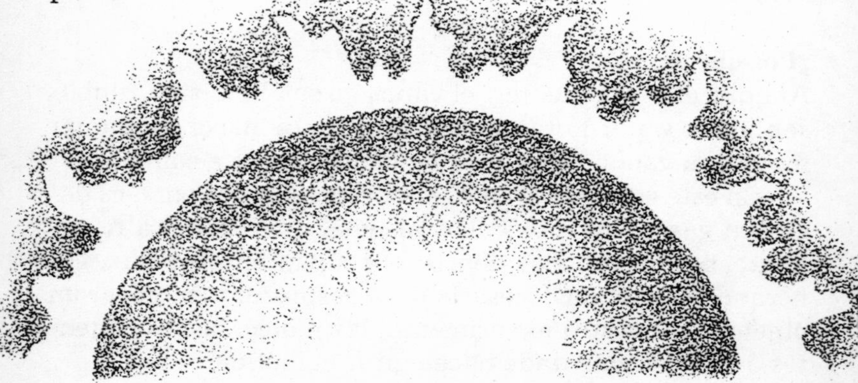

Pero volvamos a la Tierra. Como sabes, tu cuerpo, al igual que cualquier otro objeto, es atraído hacia el centro del planeta, y tu peso evidencia dicho empuje.

En otras palabras, tu peso es el resultado de la fuerza que ejerce la gravedad terrestre sobre tu cuerpo. En Marte, por ejemplo, pesarías un tercio de lo que pesas en la Tierra, ya que es más pequeño, y en la Luna, cuya fuerza de la gravedad es sólo un sexto de la de la Tierra, pesarías muchísimo menos.

O sea, cuanto mayor es el planeta o el satélite, mayor es su masa y su gravedad. Por consiguiente, en los planetas más grandes pesarías más, y en los más pequeños, menos.

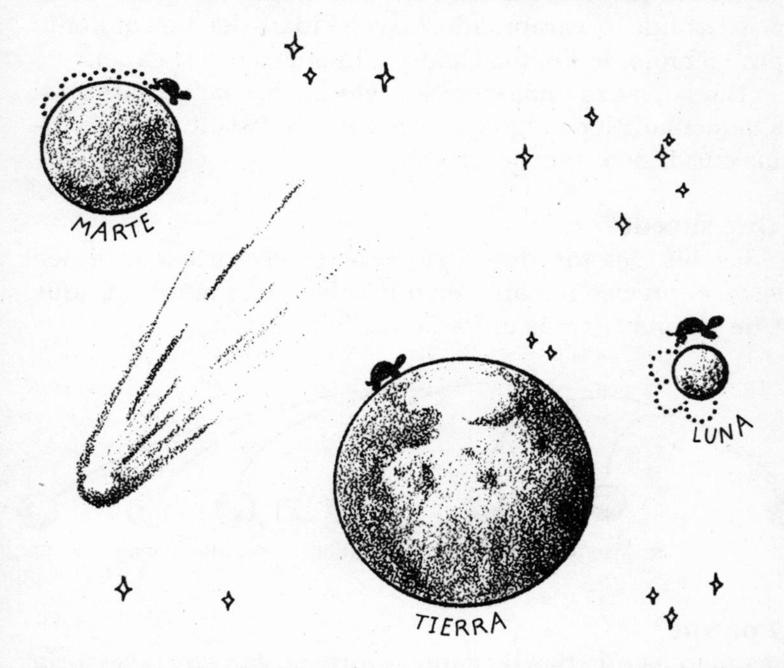

En este capítulo no sólo vas a realizar experimentos relacionados con las velocidades, las órbitas y la gravedad de otros planetas, sino que también aprenderás cómo influye en nuestro mundo esta poderosa fuerza que nos mantiene encadenados de por vida a la corteza terrestre. Apasionante, ¿no es cierto?

Trayectoria curvilínea

Lanza una pelota deprisa o despacio y observa el tipo de trayectoria curvilínea que describe.

Material necesario
pelota blanda y ligera (para mayor seguridad)
ayudante (opcional) que lance y recoja la pelota

¿Qué hay que hacer?
Lanza una pelota al aire –hacia arriba y hacia delante– y observa la trayectoria que describe. Repítelo varias veces, modificando o cambiando la velocidad del lanzamiento (por ejemplo, lento, más lento, aún más lento si cabe).

Luego, lanza unas cuantas pelotas rápidas y fíjate en si la velocidad tiene algo que ver con las distintas trayectorias curvilíneas que describen.

¿Qué sucede?
Todas las pelotas describen una trayectoria curvilínea desde el preciso instante en que salen de la mano, aunque la de algunas es más cerrada que la de otras.

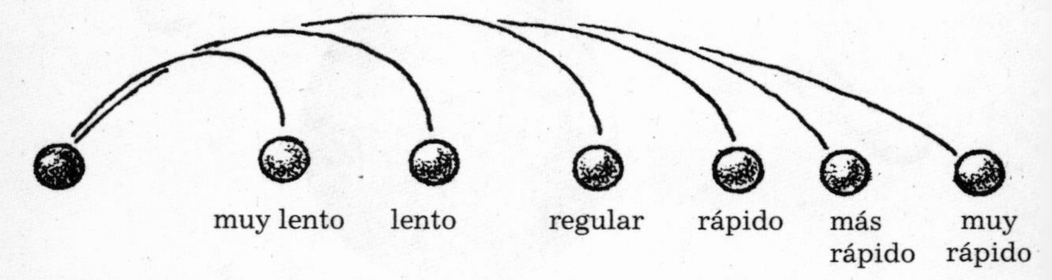

¿Por qué?
Las pelotas que has lanzado al aire curvan su trayectoria y son atraídas de nuevo a la Tierra por la fuerza de la gravedad, o impulso gravitatorio.

Cuando lanzaste la pelota lentamente, pudiste observar que se curvaba mucho antes que cuando lo hiciste con rapidez. Así pues, la trayectoria de un lanzamiento más lento siempre es más cerrada.

Fuerza centrípeta

Con una goma suspendida de un hilo que pasa a través de un carrete (de hilo) aprenderás el significado de la fuerza centrípeta.

Material necesario

goma de borrar
hilo de 50 cm
clip
carrete de hilo vacío

¿Qué hay que hacer?

Ata el hilo alrededor de la goma de borrar y luego ensártalo en el carrete de hilo, enrollando el otro cabo del hilo alrededor del clip y anudándolo. El clip hará las veces de ancla y evitará que el hilo y la goma salgan volando.

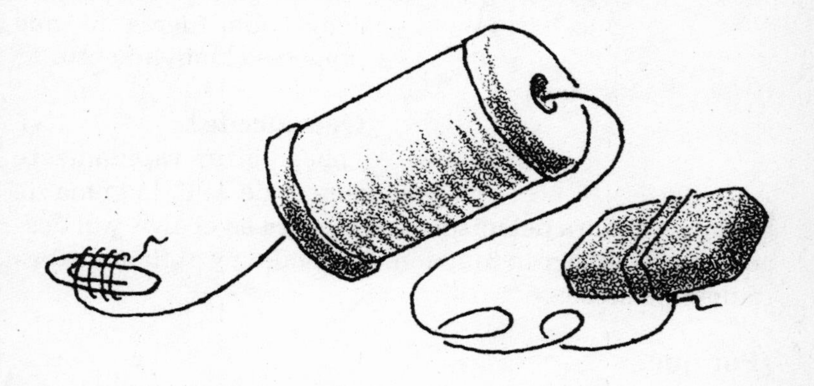

¿Preparado? Sujeta el carrete por encima de la cabeza y aléjalo del cuerpo todo lo que puedas. Comprueba que no haya nadie en las inmediaciones.

¡Cuidado!

¡ATENCIÓN!: En este experimento se utiliza un objeto giratorio. Hazlo al aire libre y sin que haya nadie a tu alrededor.

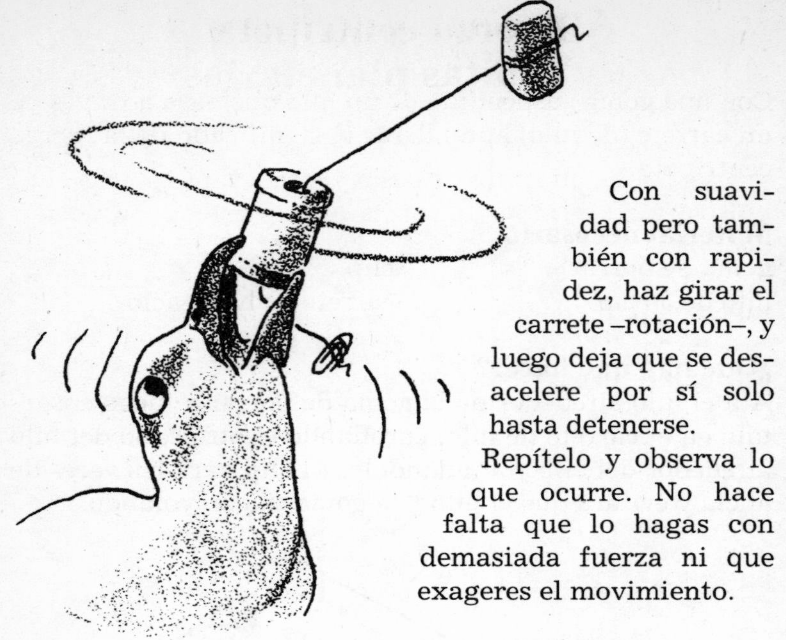

Con suavidad pero también con rapidez, haz girar el carrete –rotación–, y luego deja que se desacelere por sí solo hasta detenerse. Repítelo y observa lo que ocurre. No hace falta que lo hagas con demasiada fuerza ni que exageres el movimiento.

¿Qué sucede?

Al hacer girar rápidamente el carrete de hilo, la goma de borrar se alejará del mismo y se elevará en el aire, y al desacelerar o detener la rotación, descenderá y al final acabará deteniéndose.

¿Por qué?

La goma atada al hilo está sometida a una sujeción semejante a la de la gravedad de la Tierra. En efecto, el hilo (gravedad) atrae a la goma hacia el carrete. Este fenómeno se conoce como fuerza centrípeta, es decir, la fuerza que dirige el movimiento hacia el centro del objeto.

Atracción gravitatoria y órbitas planetarias

En estos experimentos de rotación utilizarás varias gomas y descubrirás un sinfín de cosas sobre los planetas, su impulso gravitatorio y cómo orbitan –dan vueltas– alrededor del Sol.

Así pues, dispónte a pasártelo en grande haciendo girar un montón de gomas sin hilos, ¡bueno..., quizá uno!

Material necesario
5 gomas de borrar similares
hilo de 1 m de longitud
carrete de hilo
tijeras
papel y lápiz
un ayudante
reloj con segundero o cronómetro

¿Qué hay que hacer?
Al igual que en «Fuerza centrípeta», ata uno de los extremos del hilo alrededor de una goma de borrar y ensártalo en un carrete, anudando el otro extremo alrededor de otra goma. Para cada prueba, añadirás una goma al extremo inferior del hilo. Tu ayudante se encargará de cronometrar cada prueba de 15 segundos, anotar el número de pesos (gomas de borrar que cuelgan del hilo) y el resultado.

Cuando estés preparado para empezar cada prueba, dile a tu ayudante que se mantenga a distancia y que se apreste a poner en marcha el cronómetro. Sujeta con firmeza el carrete y asegúrate de tirar, sostener y mantener el hilo con los pesos en la misma posición en cada experimento.

A una señal, tu ayudante contará hasta 15 segundos –en silencio– mientras tú cuentas el número de vueltas que da la goma alrededor del carrete hasta que tu compañero diga «¡tiempo!». Acto seguido, añade otra goma –dos, tres, cuatro...– y repite el proceso. Después de cada experimento, tu ayudante anotará el número de pesos que has utilizado y el número de revoluciones o vueltas que ha dado.

¿Qué sucede?

Cuanto mayor sea la cantidad de pesos o gomas que añadas al extremo inferior del hilo, más revoluciones o vueltas dará la goma del extremo superior en los 15 segundos que dura cada prueba.

¿Por qué?

Los planetas más próximos al Sol, como Mercurio y Venus, orbitan a mayor velocidad que los más lejanos. Si no lo hicieran así, la colosal fuerza gravitatoria del Sol se los tragaría en un abrir y cerrar de ojos.

El hilo con muchas gomas representa la acción de la fuerza de la gravedad solar sobre los planetas más cercanos, los cuales están obligados a describir una órbita más acelerada.

En cambio, el impulso gravitatorio del Sol en los planetas más distantes –Urano, Neptuno y Plutón– es mucho menor que en los más próximos –Mercurio y Venus.

El hilo con un peso (recuerda que el peso representa el impulso gravitatorio solar) es como Plutón, con menos revoluciones o giros orbitales alrededor del astro rey, y en consecuencia, da menos vueltas alrededor del carrete.

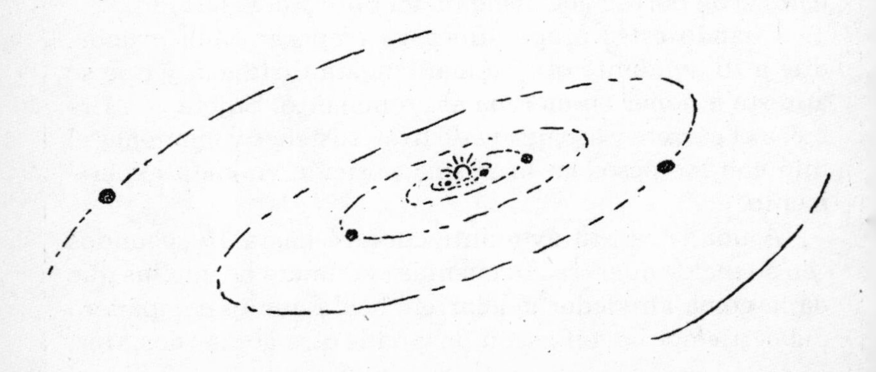

Los Tres Gigantes: Mercurio, Júpiter y Neptuno

Los tres experimentos siguientes contribuirán a reforzar lo que has aprendido en «Fuerza centrípeta» y «Atracción gravitatoria y órbitas planetarias», y comprenderás mejor las velocidades orbitales de aquellos remotos planetas, tan alejados entre sí. Asimismo, puedes consultar la tabla de la página 64 y comprobar si los números y los tiempos coinciden o no con lo que ya sabes.

Material necesario

cartulina blanda
reloj con segundera
o cronómetro
lápiz y papel
canicas
tijeras
cinta adhesiva

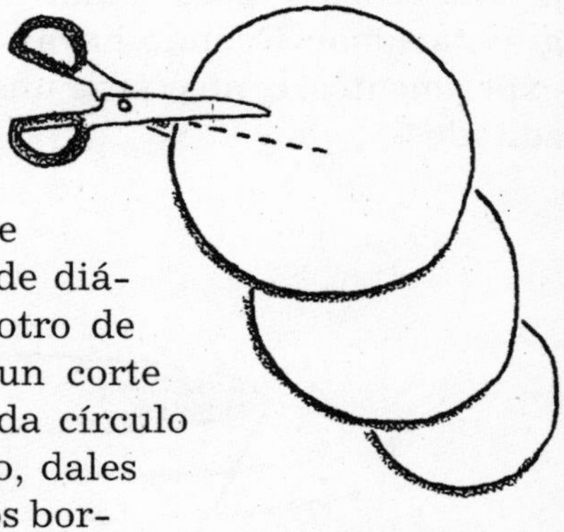

¿Qué hay que hacer?

Recorta tres círculos de cartulina, uno de 25 cm de diámetro, otro de 30 cm y otro de 35 cm. Luego, practica un corte desde el perímetro de cada círculo hasta el centro del mismo, dales la forma de cono y pega los bordes cortados con cinta adhesiva. Para que tengan la misma angulación desde el vértice, introduce el cono más pequeño en el mediano, y éste en el más grande, y efectúa los reajustes necesarios en el pegado de los bordes hasta que encajen a la perfección.

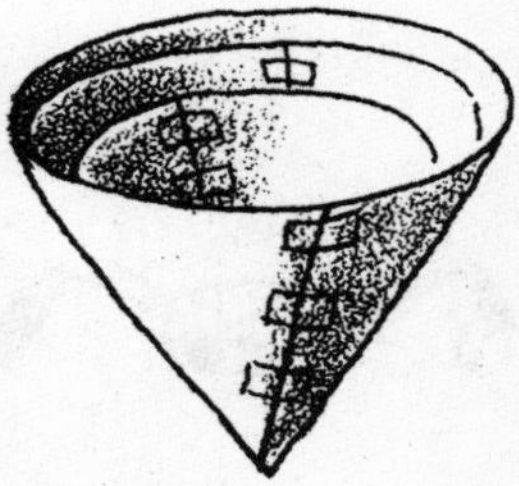

ORBITER I: OPERACIÓN MERCURIO

Coge el primer cono orbital –de 25 cm de diámetro– y echa una canica en su interior. El centro (vértice) representa el Sol; la canica, Mercurio; y el cono, la órbita que describe este planeta alrededor del Sol.

Sostén el cono con una mano y hazlo girar con suavidad, de tal modo que la canica orbite lo más cerca posible del centro sin precipitarse en él.

Cuando la canica empiece a describir una órbita constante, con círculos o rotaciones uniformes, coge el reloj con la otra mano y cuenta el número de veces que completa un giro o círculo en quince segundos. Anota el resultado.

Según nuestra hipótesis, dado que Mercurio es el planeta más próximo al Sol, se desplazará más deprisa a su alrededor para eludir su extraordinaria fuerza gravitacional. Cuando hayas terminado los otros dos experimentos, confecciona una tabla y compara los resultados.

ORBITER II: OPERACIÓN JÚPITER

A continuación, mete la canica (Júpiter) en el vértice del cono (Sol) de 30 cm de diámetro y repite todos los pasos de «Orbiter I», aunque esta vez haciéndola girar de manera que describa una órbita más ancha, lo más cerca posible de la base del cono. El cono de mayor diámetro representa la órbita más ancha de Júpiter alrededor del Sol.

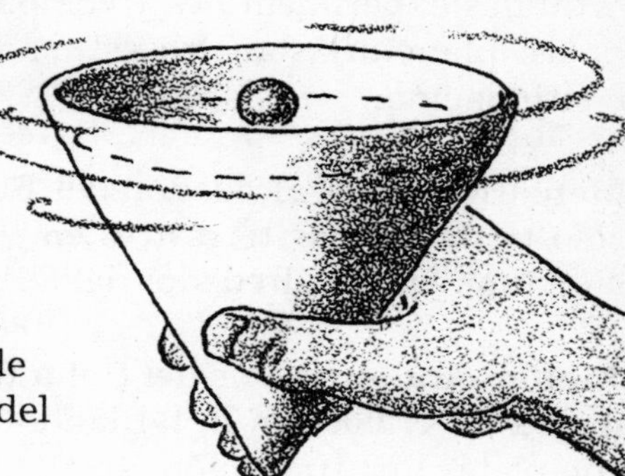

ORBITER III: OPERACIÓN NEPTUNO

Vamos a por el tercer experimento. ¡En efecto! ¡Lo has adivinado! Neptuno describe una órbita alrededor del Sol muchísimo mayor que la de los otros planetas. Utiliza el cono de 35 cm de diámetro y repite lo que hiciste en los dos experimentos anteriores. En esta ocasión, la canica describirá un círculo más grande.

LOS TRES GRANDES: LA CUENTA ATRÁS

Con lo que has aprendido acerca de las órbitas de estos tres planetas, confecciona una tabla de tus velocidades orbitales experimentales y compáralas con las velocidades planetarias reales estimadas que te detallo a continuación:

Mercurio orbita alrededor del Sol a 172.800 km/h y sólo tarda 88 días terrestres en completar una traslación (una vuelta alrededor del Sol).

Júpiter gira alrededor del Sol a una velocidad orbital media de 47.000 km/h, tardando 12 años terrestres en completar una traslación.

La velocidad orbital de **Neptuno** es de 19.500 km/h y tarda más de 160 años terrestres en completar una traslación.

¿Hay alguna relación entre tus velocidades orbitales experimentales, las distancias de las órbitas hasta el Sol y las velocidades reales estimadas de los tres planetas?

Para comprobar que no existen otras variables capaces de alterar los resultados, asegúrate de que los conos no están arrugados y de que sus bordes están bien sujetos con la cinta adhesiva. Repite tres o cuatro veces cada experimento, calcula la media de los resultados obtenidos y compáralos con las estimaciones reales.

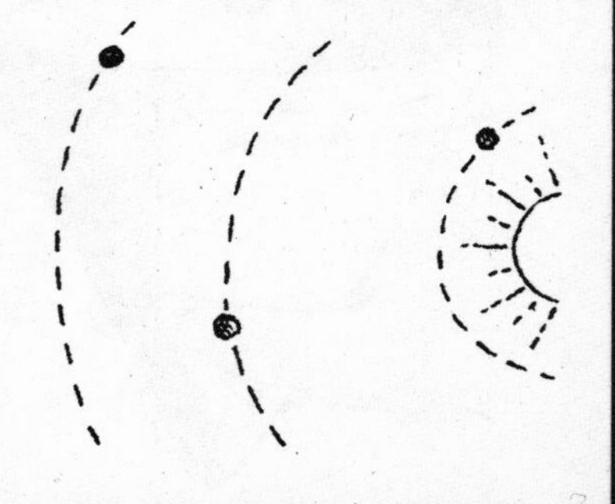

Fuerza centrífuga

Una canica dentro de una botella. La botella está boca abajo. La canica... ¡no sale de la botella! ¿Cómo? Un experimento lleno de sorpresas que dejará asombrados a tus amigos.

Material necesario
botella de plástico de 2 litros
canica pequeña

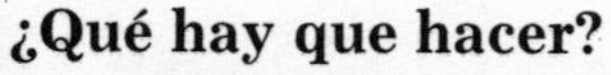

¿Qué hay que hacer?
Introduce la canica en la botella y pregunta a tus amigos si son capaces de darle la vuelta sin que se salga la canica. La respuesta es evidente: «No».

«Imposible», dirán. Ahora te toca a ti. Sujeta la botella en posición vertical, boca arriba, con la mano en la base, y empieza a moverla para que la canica describa órbitas circulares en su interior. Sin dejar de hacer girar la botella y la canica en su interior, cambia poco a poco la posición de la botella hasta que esté horizontal y luego otra vez vertical, pero boca abajo.

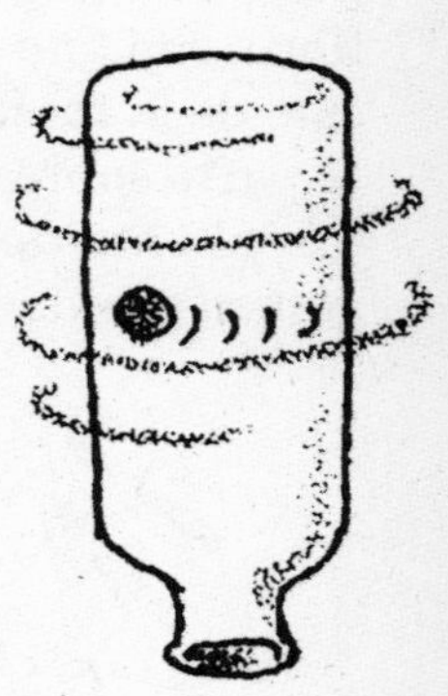

¿Qué sucede?
Al girar, la canica no sale de la botella, ni siquiera cuando se le da la vuelta.

¿Por qué?
Cuando tus amigos dieron la vuelta a la botella sin hacerla girar, la fuerza de la gravedad atrajo la canica hacia abajo y la hizo salir de la botella; pero al darle vueltas, la canica se vio impulsada hacia arriba gracias a la fuerza centrífuga.

La gravedad: una fuerza constante

La fuerza de la gravedad lo engulle todo, atrayéndolo hacia abajo. Para volar, el empuje ascendente de un aeroplano tiene que superar la atracción descendente de la gravedad. Los resultados son siempre los mismos aunque nos empeñemos en cambiarlos, lo que demuestra que la gravedad es una fuerza constante.

Material necesario

libro grande
mesa
2 reglas
2 monedas

¿Qué hay que hacer?

Pon el libro en la mesa, de tal modo que uno de sus extremos sobresalga del borde de ésta. Coloca una regla sobre el libro, con uno de sus extremos a 2 cm del borde que sobresale de la mesa. Luego, pon una moneda en el extremo de la parte sobresaliente de la regla, y otra en el extremo sobresaliente del libro. A continuación, coge la segunda y golpea el extremo sobresaliente de la primera para que las dos monedas vayan a parar al suelo.

¿Cuál de las dos monedas crees que llegará antes al suelo?

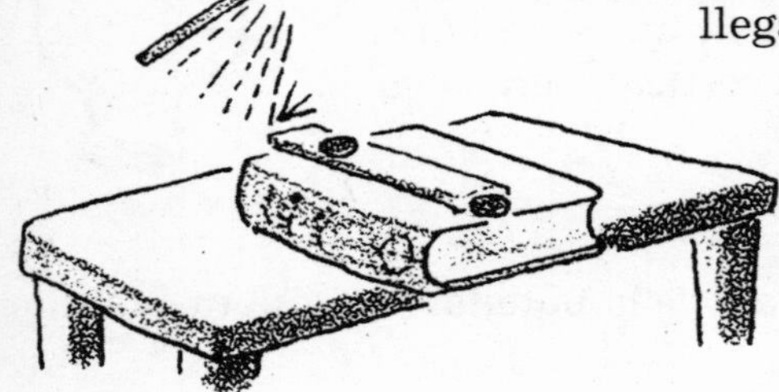

¿Qué sucede?

Ambas monedas llegarán al suelo al mismo tiempo.

¿Por qué?

La fuerza de la gravedad siempre es la misma. En nuestro experimento, el impacto que recibió la moneda situada en la parte sobresaliente del libro fue superior a la fuerza aplicada a la moneda de la parte sobresaliente de la regla. No obstante, ni siquiera este factor fue suficiente para alterar o cambiar el coeficiente de caída.

Velocidad de caída

¿Qué llegará antes al suelo, una goma de borrar o un pequeño clip? ¿Y si se trata de una hoja de papel de carta o de papel de aluminio? ¿Influye el tamaño, la forma y el peso en la velocidad de caída? ¿A qué velocidad caen los objetos? Compruébalo por ti mismo.

Material necesario
tijeras
hoja de papel
hoja de papel de aluminio
goma de borrar u objeto
del mismo tamaño
clip

¿Qué hay que hacer?
Extiende los brazos con una hoja de papel de aluminio en la palma de una mano y una hoja de papel de carta en la otra. Deja caer las dos hojas al mismo tiempo y observa lo que ocurre.

Ahora repite el experimento, pero sustituyendo una hoja por una goma, y luego por el clip. Por último, hazlo con la goma y el clip.

¿Qué sucede?
En general, el papel de carta y el de aluminio caen al suelo flotando –revoloteando– con la misma velocidad de caída, mientras que la goma y el clip lo hacen antes. Por último, tanto la goma como el clip llegan al suelo al mismo tiempo.

¿Por qué?
El tamaño y el peso del clip y la goma de borrar no influyen en la velocidad de caída, ya que la mayoría de la masa está en su interior. La cantidad de metal y de goma que forma sus áreas superficiales es pequeña, lo que reduce la resistencia del aire. La gravedad atrae ambos objetos con la misma fuerza, gramo a gramo.

Sin embargo, las superficies planas del papel de carta y del de aluminio, cuya masa se extiende a lo largo y ancho de una superficie más amplia, oponen una resistencia al aire mucho mayor, que es precisamente el factor que influye en su velocidad de caída.

¡EL CIELO SE CAE!

Demos un paso más a partir de los dos últimos experimentos: «La gravedad: una fuerza constante» y «Velocidad de caída». Coge unos cuantos objetos muy pesados y otros muy livianos. Al igual que antes, sosténlos y suéltalos por parejas desde la misma altura. ¿Llegan al suelo a la vez? ¿Los hay que llegan antes?

Ahora haz otro experimento similar, pero diferente. Coge dos globos iguales (del mismo peso y tamaño; ¡el color es lo de menos!), hincha uno hasta que sea lo más grande posible y anúdalo. Sostén los dos globos por el cuello, el hinchado en una mano y en la otra el deshinchado. Comprueba que ambos están a la misma altura y suéltalos al mismo tiempo. ¿Cuál de ellos llegará antes al suelo?

Ahora sostén el globo deshinchado a mucha mayor altura que el hinchado. ¿Hay alguna diferencia entre la caída o sucede lo mismo? ¿Por qué son distintos los resultados de la caída de los globos que los de los demás objetos que has utilizado?

Con lo que ya sabes acerca del vuelo, la gravedad, el aire, la resistencia del aire y los planos aerodinámicos, ¿cómo explicas los resultados de este experimento?

Centro de gravedad

Vamos a estudiar el centro de gravedad dividiendo un experimento en dos: primero, con una varilla de madera, y después con globos.

Material necesario

varilla de madera
de 0,5 cm de diámetro
cualquier accesorio
suspendido del techo del
que poder colgar la varilla
4 globos
imperdible
hilo o cuerda

Varilla de madera

Ata un extremo de un trozo largo de hilo o de cordel a un accesorio suspendido del techo y deja que cuelgue. Luego, ata la varilla al otro extremo.

¡Exacto! En este sencillísimo experimento, lo único que tienes que hacer para que la varilla se mantenga en perfecto equilibrio es ajustar su posición respecto a la cuerda. Dicho en otras palabras, encontrar el centro de gravedad de la varilla, el punto en el que su peso o masa queda completamente centrado. En este punto, la varilla permanecerá en equilibrio y quedará suspendida en posición horizontal. El centro de gravedad de cualquier objeto se halla en el punto medio del mismo.

Globos

Corta otros cuatro cordeles o hilos de 40 cm y ata dos en la mitad izquierda de la varilla y las otros dos en la mitad derecha.

Hincha los cuatro globos por igual, anuda bien sus aberturas y ata uno en cada una de las cuerdas suspendidas de la varilla. Los globos deben estar distanciados uniformemente, y la varilla suspendida de su centro de gravedad.

Coge el imperdible y pincha uno de los globos, reajusta el centro de gravedad de la varilla y pincha otro globo. Ahora sólo quedan dos globos. Reajusta de nuevo el centro de gravedad de la varilla y pincha uno de los dos globos restantes.

Al hacerlo, la varilla y el único globo que continúa colgando de ella vencen a un lado.

Esto demuestra que el aire no debería tomarse nunca «a la ligera»; pesa..., y mucho.

AVIONES DE PAPEL

Hace muchísimo tiempo, alguien cogió una hoja de papel, la dobló varias veces y la lanzó al aire. Fue el primer papel volador, o planeador.

Ahora tienes la ocasión de construir una gran diversidad de planeadores, y ni tus padres ni tus profesores podrán quejarse, pues vas a hacerlo en interés de la ciencia. Descubrirás cuáles son los mejores materiales, qué diseños vuelan mejor y que accesorios contribuyen a que tus prototipos describan la trayectoria deseada.

Disponte a confeccionar planeadores con distintos diseños y con alerones o flaps, y... ¡prepárate para surcar los cielos!

El gran volador

¿Sigues preocupado por el vuelo irregular de tus modelos? ¡Se acabó el problema! Empezaremos con un planeador muy simple, pero de una eficacia extraordinaria en el aire, y luego le añadiremos o quitaremos diversos elementos que pueden hacer que tu aeroplano vuele a las mil maravillas; bueno, quizá no tanto, tampoco hay que exagerar...

Material necesario

hoja de papel

cinta métrica

¿Qué hay que hacer?

Dobla el papel por la mitad, longitudinalmente (1), desdóblalo de nuevo y dobla las dos esquinas de uno de los lados cortos hasta que coincidan con la marca central del primer doblez (2).

Ahora, dobla cada uno de los dos bordes doblados del triángulo hasta el doblez central, procurando que queden bien alineados (3).

Por último, dale la vuelta al planeador, alinea un doblez con la línea central y luego haz lo mismo con el doblez opuesto (4). Extiende las alas del aeroplano (5). Como observarás, el morro del avión apunta directamente hacia delante.

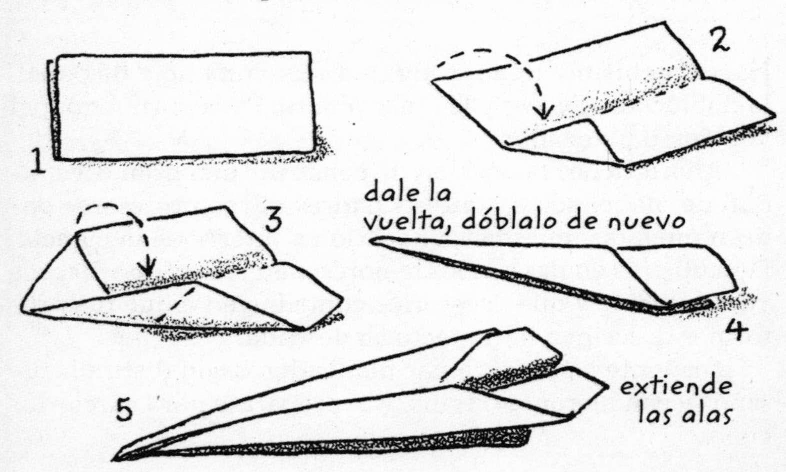

Ya estás listo para probarlo. Debería lanzarlo siempre la misma persona y de la misma forma, anotando, después de cada lanzamiento, la distancia recorrida.

¿Qué sucede?
En cada prueba, el planeador volará en línea recta, describirá círculos, ascenderá o descenderá suavemente, cubriendo una considerable distancia.

¿Por qué?
Tu avión es un magnífico ejemplo de plano aerodinámico. Si observas las alas, descubrirás que se curvan un poco en la sección anterior y que son planas en la posterior. El aire que circula por la cara superior de las alas se ve obligado a desplazarse más deprisa a causa de su forma ascendente, perdiendo peso –densidad– respecto al que circula por la cara inferior.

Dado que el aire inferior es más denso, más pesado –porque se desplaza a menor velocidad–, el más denso impulsa el aeroplano hacia arriba, hacia el menos denso. Este proceso, que se conoce como ley de la naturaleza del aire en movimiento, es lo que mantiene a tu planeador en vuelo.

AERODINÁMICA

El vuelo de un planeador depende de su forma y de su diseño. Haz una prueba con distintos tamaños y pesos de papel, dobla unos cuantos longitudinalmente y otros a lo ancho. ¿Cuál funciona mejor? Construye planeadores con las alas más anchas o el morro más largo, probándolos siempre por separado y sin alterar las demás variables. Anota los resultados (suavidad del vuelo, distancia recorrida) y las diferencias entre uno y otro modelo.

¿ALERONES O CLIPS?

¿Qué prefieres, flaps o clips? ¿Ambos, quizá? Realiza experimentos de vuelo colocando clips en distintos lugares de los planeadores para estabilizarlos o para conseguir que vuelen con mayor regularidad y más recto.

Compara cada nuevo diseño con el diseño básico, sin accesorios, verificando en cada caso la distancia recorrida y la suavidad del vuelo. Por ejemplo, compara el modelo básico con uno que lleve un clip en el extremo de la cada ala; luego, prueba otro diseño, y así sucesivamente con todos. Este tipo de experimentación, comparando un modelo básico con otro que ha sido modificado de algún modo, se denomina *controlado*.

También puedes pegar las alas de un prototipo con cinta adhesiva, cortar flaps en los bordes posteriores de las alas de otro o añadir un timón de profundidad –cola– a un tercero.

Las combinaciones o posibilidades son innumerables; pruébalas todas o las que más te apetezcan. Después de haber experimentado con tus modelos alterados y de haberlos comparado con el planeador básico, enuncia una hipótesis de por qué unos vuelan mejor que otros. ¿Eres capaz de demostrarla?

Después de cada prueba, anota la distancia recorrida, la mayor o menor suavidad del vuelo, los aterrizajes perfectos, etc. Recuerda que puedes aprender más de los errores que de los éxitos. Cada obstáculo te da la oportunidad de aprender algo nuevo. Construyendo planeadores, aprenderás un sinfín de cosas del vuelo.

COMETAS

Érase una vez en la tierra de Woo, una provincia de China, un hombre llamado Sun-Wing que vivía en la más absoluta soledad. Waion, el dios del viento, también estaba muy solo. Para complacer a Waoin, Sun-Wing cortó dos ramas de abedul y las dispuso en forma de cruz sobre un papel muy fino. Después, le añadió un cordel. Sun-Wing dejó que Waion hinchara su pájaro de papel y lo levantara en el aire. De pronto, ambos se dieron cuenta de que ya no estaban solos. A las órdenes de Waion, el pájaro de papel danzaba, se deslizaba, subía y bajaba.

También tú puedes construir tu propio pájaro de papel; con un poco de suerte, danzará, se deslizará, subirá y bajará siguiendo las órdenes de Waion.

Minicometa en forma de caja

Nuestra minicometa en forma de caja es divertida de hacer y de volar, y necesitarás muy pocos materiales para confeccionarla, aunque eso sí, una cierta destreza a la hora de medir. Pero no te preocupes, sigue las instrucciones al pie de la letra y todo saldrá a pedir de boca.

Material necesario

hoja de papel
regla
tijeras
cinta adhesiva
punzón o clavo
cordel

¿Qué hay que hacer?

Mide y dibuja un rectángulo de 20 × 17 cm en la hoja de papel, recórtalo y dóblalo por la mitad. A continuación, desdóblalo y dobla cada lado corto del papel, de manera que coincida con la marca del doblez central. Vuelve a desdoblarlo y tendrás el patrón de una caja cuyos lados medirán 5 cm de longitud.

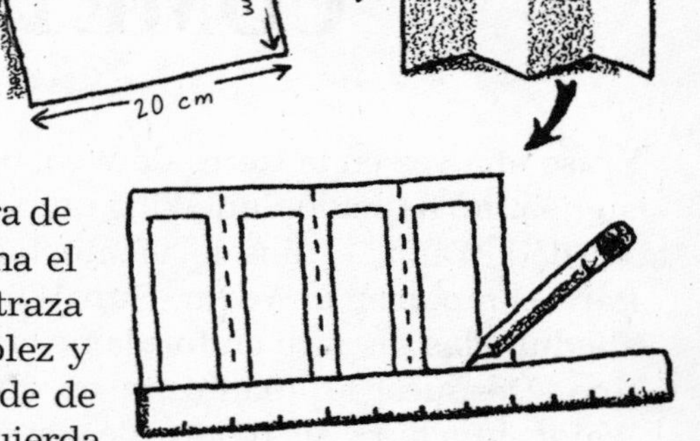

Ahora tienes que hacer cuatro «ventanas» rectangulares iguales, una en cada cara de la caja. Para ello, aplana el papel, y con la regla traza cuatro líneas entre doblez y doblez –o doblez y borde de la hoja a derecha e izquierda del papel–, dejando siempre 1 cm de distancia entre el inicio y el final de las líneas y el doblez o el borde izquierdo o derecho de la hoja, y 2 cm desde el borde superior e inferior de la misma. Las ventanas deberán medir 13 × 3 cm. Utiliza la regla para comprobar la alineación y el centrado de las ventanas. Después, recórtalas.

Acto seguido, ensambla la caja pegando los bordes con cinta adhesiva. Por último, practica dos pequeños orificios para pasar un trozo de cordel, al que anudarás otro cordel más largo con el que vas a sujetar la cometa (observa la ilustración). ¡A volar!

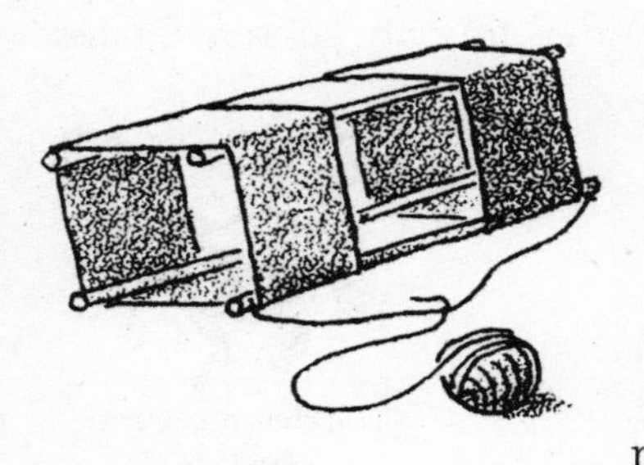

El modelo que puedes ver en la ilustración da excelentes resultados. ¿Por qué no intentas construir una versión reducida con pajitas de refresco y tiras de papel muy fino? Y rizando el rizo: ¡confecciona un modelo aún más pequeño con mondadientes y tiras de papel de seda! ¿Qué te parece?

¡ATENCIÓN!: Las cometas sólo deben volar en el campo o en un espacio abierto, nunca cerca de las líneas del tendido eléctrico.

¡Líneas eléctricas!

ARNÉS DE LA COMETA EN FORMA DE CAJA

Ata un cordel de 30 cm de longitud a dos extremos de la cometa, procurando que quede lo bastante suelto para anudar un extremo del cordel de la cometa en el centro, que para empezar podría ser de 2 o 3 metros de longitud. Más adelante, cuando hayas aprendido a hacerla volar, puedes prolongarla.

Construcción de una cometa

Confeccionar una cometa es una actividad con la que toda la familia se puede divertir de lo lindo. La construcción de cometas es una ciencia «exacta» y un arte en el que se combinan cuatro factores: diseño, cordel, armazón y arnés. Así pues, no estaría de más pedir la participación de un adulto.

Construyendo y haciendo volar uno de los juguetes volantes más antiguos que conoce la humanidad, ¡la incomparable cometa!, puedes aprender mucho acerca de los principios de la aerodinámica.

Material necesario

2 varillas de madera de
0,5 cm de diámetro:
una de 75 cm de longitud
y otra de 70 cm de longitud
herramienta para cortar
y hacer hendiduras en las varillas
área de trabajo espaciosa
papeles
de periódico
papel de seda
tijeras
cuerda
cinta adhesiva
pegamento
cinta métrica
lápiz
ayuda de un adulto

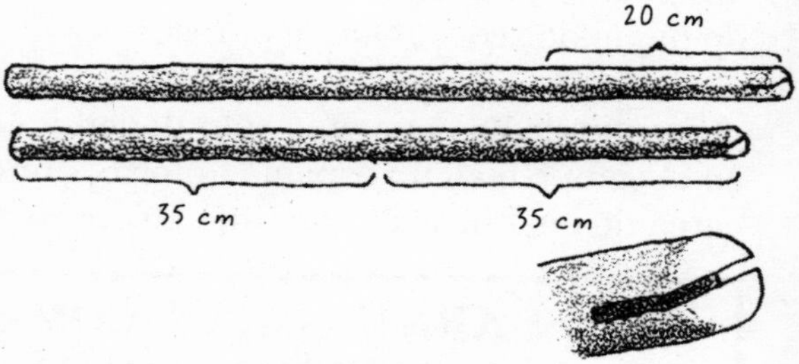

¡Herramienta cortante!

20 cm
35 cm
35 cm

¿Qué hay que hacer?

Pide a un adulto que haga unas pequeñas hendiduras o muescas en los extremos de cada varilla de madera, por donde deberá pasar el cordel para construir el armazón. Por lo tanto, tendrán que ser lo bastante profundas para que quede bien sujeto.

Calcula el punto medio de la varilla de 70 cm –35 cm desde ambos extremos– y hazle una marca.

A continuación, haz otra señal en la varilla más larga, a 20 cm de uno de los extremos. Éste es el punto en el que deberán cruzarse las dos varillas. Enrolla un trozo de cordel como se indica en la ilustración, formando un «8», hasta que queden bien sujetas.

Luego, completa el armazón pasando otro cordel más largo por las hendiduras del extremo de cada varilla, tira un poco para tensarlo y anúdalo.

Quizá necesites dos hojas de papel de seda para confeccionar la vela de la cometa. Si es así, coloca una sobre la otra, dejando un margen de 2,5 cm para el traslapado, y pégalas por las dos caras con cinta adhesiva.

Pon el armazón de la cometa sobre el papel y deja un borde de unos 5 cm a su alrededor para doblarlo y encolarlo. Recorta el papel como se observa en la ilustración.

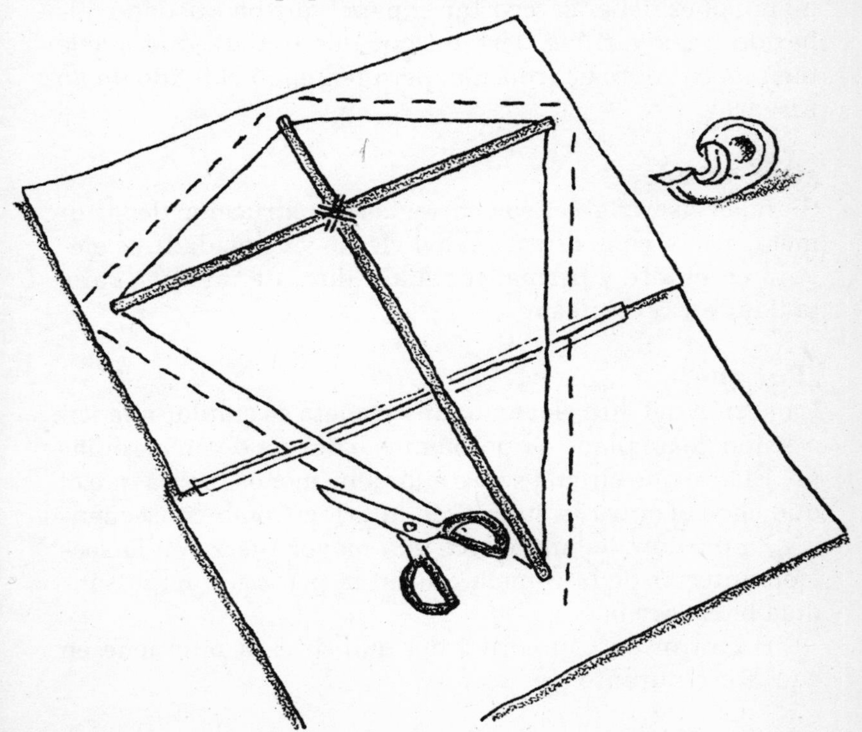

Dobla el papel y pégalo sobre el armazón (los pegamentos de barra son los más idóneos). Ten las tijeras a mano, pues deberás recortar el papel que ha quedado adherido a las varillas. Tira un poco de él para que quede bien tenso sobre el armazón, pero teniendo cuidado de no rasgarlo.

¿Qué sucede?
Si todas las variables son correctas (construcción de la cometa, arnés, cola, dirección del viento y velocidad), se elevará en el aire y permanecerá allí durante un buen rato, bailando y revoloteando.

¿Por qué?
La acción del aire elevando una cometa es similar a la ascensión de un plano aerodinámico o del ala de un aeroplano. El aire que circula sobre ella tiene menos fuerza que el que choca contra la superficie inferior. Como consecuencia, la presión del aire ejerce una mayor fuerza en la sección anterior de la cometa que en la posterior, impulsándola hacia arriba.

Por otro lado, el cordel del que tiras la mantiene en equilibrio durante el vuelo.

Arnés de la cometa y cola

La confección de una cometa y su lanzamiento puede constituir una actividad en la que puede participar y divertirse toda la familia. Tanto la cola como el arnés –el que se ata al armazón de la cometa y de la que cuelga el cordel con que vas a sujetarla cuando esté en el aire– deben confeccionarse e instalarse con sumo cuidado. No pierdas de vista los principios de la aerodinámica y el éxito estará asegurado.

Para hacer la sujeción –arnés de la cometa–, ata un cordel largo a los extremos de la varilla vertical, procurando que quede un poco suelto, formando una comba.

Después, ata otro cordel más corto en los extremos de la varilla horizontal, de tal modo que la comba coincida con la del cordel de la varilla vertical. A continuación, anúdalos allí donde se cruzan.

Ahora es muy importante probar la cometa para ver si «atrapa el viento» como es debido; de lo contrario, no volará o lo hará incorrectamente. Después de instalar el ar-

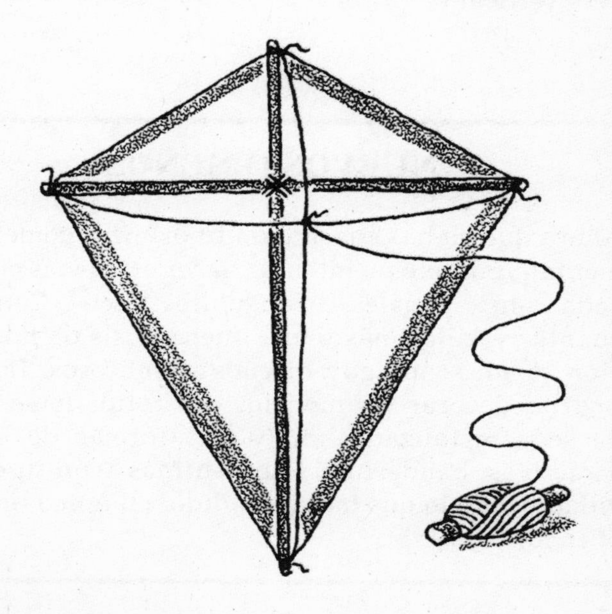

nés y de añadir el cordel de vuelo, sitúate en contra de la dirección del viento y tira hacia ti de la cometa. Si la sección superior empuja hacia arriba, la cometa se balancea de un lado a otro y da la sensación de atrapar el viento, querrá decir que el arnés está bien colocado. Si no es así, ajusta el entrecruce de las cuerdas para que quede más arriba o más abajo y haz otra prueba.

Para añadir la cola (contribuye a equilibrar la cometa), recorta rectángulos de papel de seda de colores (los multicromáticos son con mucho los más vistosos). Distribúyelos a intervalos regulares (cada 18-20 cm) en un cordel más largo (2-3 m) y átalos con cordeles más pequeños.

Anuda la cola en el extremo inferior de la varilla vertical y... ¡a volar!

NUEVOS DISEÑOS

Ahora que ya has construido tu primera cometa elemental, ¿por qué no intentas hacer otras más complicadas –hexagonales, triangulares, etc.–? Con unas cuantas varillas más y una buena dosis de imaginación, puedes conseguir diseños asombrosos. También podrías decorar tus modelos con rotuladores, papel de seda metalizado, mil y una formas de lo más atractivas, banderines y serpentinas –con tu creatividad y todo lo que has aprendido, ¡el único límite es el cielo!

LA EXPLORACIÓN DEL ESPACIO EXTERIOR

OTROS MUNDOS

Desde el *Skylab* (la estación espacial estadounidense que fue puesta en órbita en 1973) hasta el transbordador espacial *Endeavor*, lanzado en 1993, y los recientes esfuerzos de cooperación entre rusos y estadounidenses en la estación espacial soviética *Mir* (Paz), además de la «invasión» Pathfinder de Marte, la exploración espacial nunca ha sido tan emocionante como ahora.

En este capítulo realizarás experimentos que te permitirán conocer las condiciones en el espacio exterior, observar la reentrada en la atmósfera de una cápsula espacial, elaborar tus propios alimentos espaciales e incluso diseñar una estación espacial y tripularla.

Además, recrearás las condiciones y los cráteres de la Luna y diseñarás insignias con logotipos espaciales. Así pues, ¡dispónte a despegar y a vivir una fabulosa aventura en otros mundos!

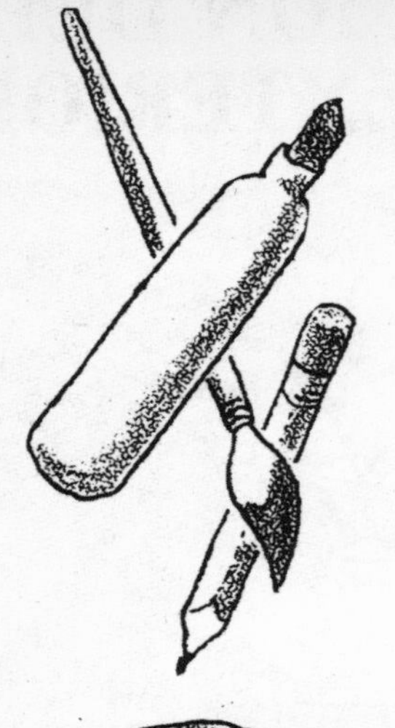

SEÑALES DEL

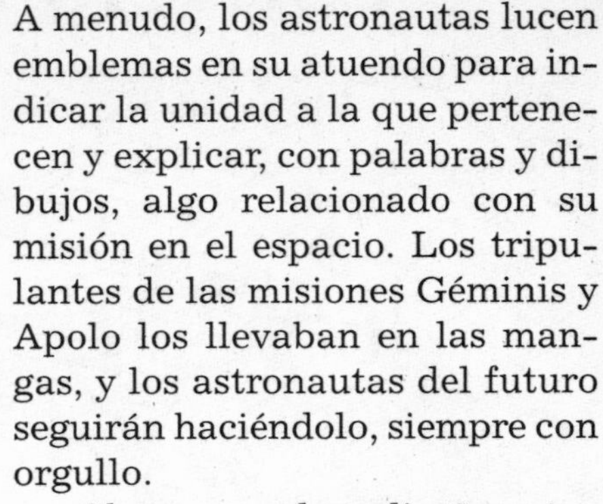

A menudo, los astronautas lucen emblemas en su atuendo para indicar la unidad a la que pertenecen y explicar, con palabras y dibujos, algo relacionado con su misión en el espacio. Los tripulantes de las misiones Géminis y Apolo los llevaban en las mangas, y los astronautas del futuro seguirán haciéndolo, siempre con orgullo.

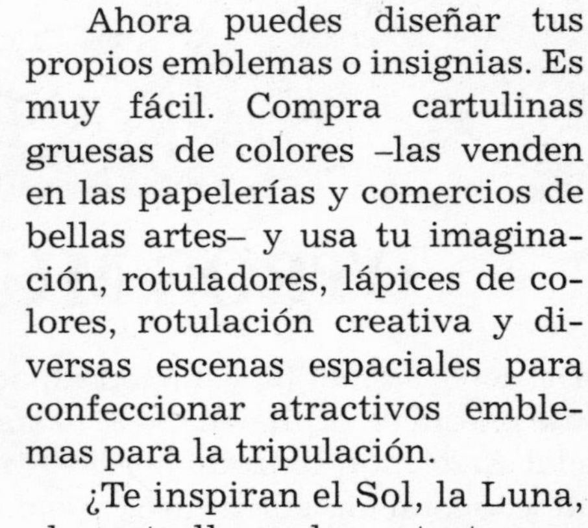

Ahora puedes diseñar tus propios emblemas o insignias. Es muy fácil. Compra cartulinas gruesas de colores –las venden en las papelerías y comercios de bellas artes– y usa tu imaginación, rotuladores, lápices de colores, rotulación creativa y diversas escenas espaciales para confeccionar atractivos emblemas para la tripulación.

¿Te inspiran el Sol, la Luna, las estrellas, y los extraterrestres? ¿Y qué te parecería una insignia con un planeta y va-

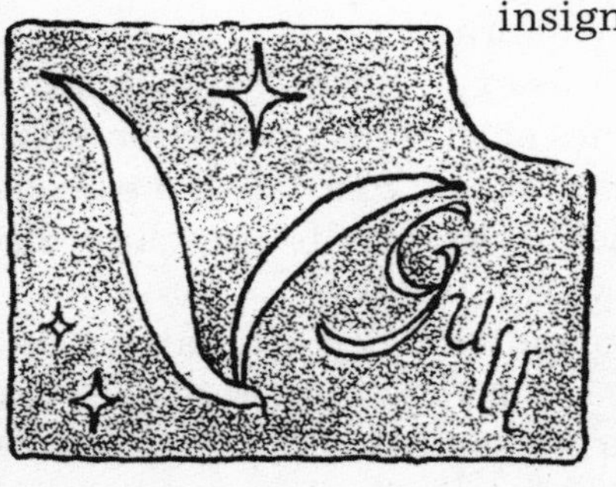

rios satélites, o un paisaje con enormes cráteres, profundas grietas o volcanes? ¿Vas a incluir un cohete en tu emblema, o tal vez un transbordador o una estación espacial futurista? Las posibilidades son interminables. ¡Pon manos a la obra!

Bautiza tu supuesta misión en el espacio exterior –¿recuerdas el *Discovery* y el *Columbia*?– y graba su nombre en tu emblema. Utiliza una tipografía creativa para conseguir efectos superespeciales. Primero, elige la forma de la insignia (cuadrado, triángulo, círculo, óvalo, etc.) y luego su contenido. Cuando hayas terminado los emblemas, recórtalos y añádeles un pequeño imperdible en el dorso con tirillas de cinta adhesiva. Ahora, tu tripulación está lista para explorar el espacio y navegar por los confines más remotos del universo.

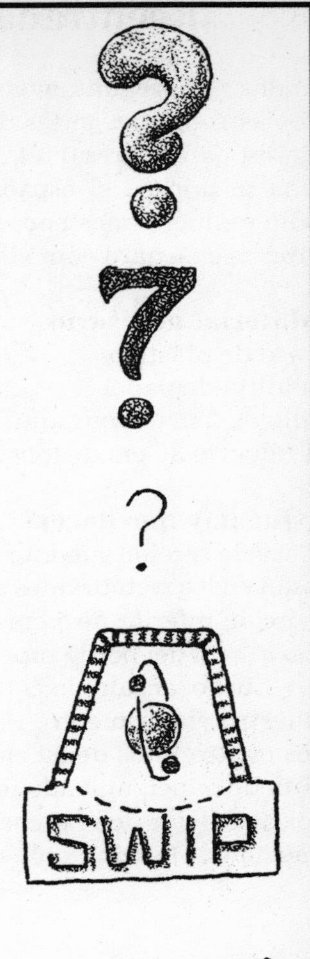

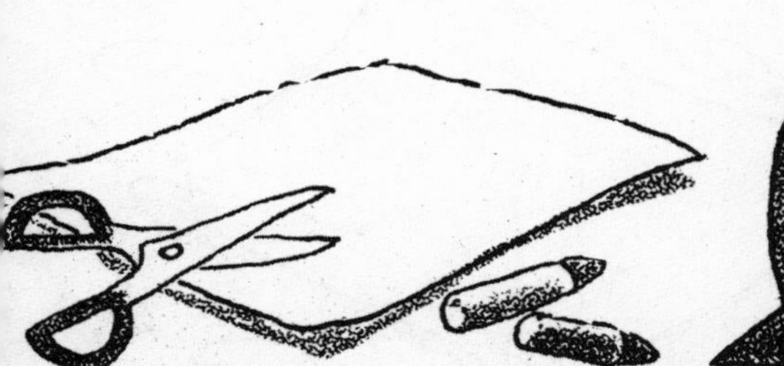

Reentrada en la atmósfera

Todos nos preguntamos cómo se las ingeniaban los primeros astronautas, antes de la invención de los transbordadores, para regresar a la Tierra después de haber realizado una misión en el espacio. Este simple experimento, que sólo requiere unos pocos materiales muy fáciles de encontrar, te enseñará cómo lo hacían.

Material necesario

vaso de plástico
toallita de papel
hilo de 2 m de longitud
4 hilos de 30 cm de longitud
goma de borrar
cinta adhesiva
punzón
tijeras

¿Qué hay que hacer?

Corta la sección superior de un vaso de plástico de los que se usan en los restaurantes de comida rápida, dejando sólo una porción inferior de 5 cm. Con un punzón, practica un orificio a 1 cm del borde superior del vaso y ata el hilo largo.

Luego, ensambla el paracaídas y la cápsula espacial de nuestro experimento. Para ello, pega con cinta adhesiva los cuatro hilos de 30 cm, uno en cada extremo de la toallita de papel, uniendo los extremos opuestos y anudándolos alrededor de la goma de borrar. Prueba la cápsula-paracaídas. Haz una bola en la mano y lánzala varias veces

al aire. El paracaídas debería abrirse con facilidad y descender hasta el suelo flotando en perfecto equilibrio.

Ahora, para demostrar cómo reentra en la atmósfera terrestre una cápsula espacial en órbita, coge la cápsula-paracaídas y el vaso de plástico, y sal al exterior. Necesitarás espacio para hacer girar la cápsula espacial por encima de tu cabeza sin temor a lastimar a alguien... ¡o a romper el jarrón chino de mamá!

Pon la goma en el fondo del vaso y coloca el paracaídas de papel sobre la goma. Hazlo con cuidado, sin apretar demasiado. Te resultará más fácil simular la reentrada en la atmósfera si el paracaídas está suelto.

Ahora, empieza a dar vueltas lentamente a la cápsula espacial por encima de tu cabeza y aumenta la velocidad poco a poco. El paracaídas permanecerá en el vaso durante la rotación. A continuación, desacelera el movimiento de giro y dale un tirón al hilo. Tendrás que repetirlo varias veces y de distintas maneras antes de conseguir la eyección del paracaídas.

No olvides que, con frecuencia, los científicos utilizan diferentes métodos para hacer una misma cosa antes de encontrar la mejor solución. Si después de varios intentos, la cápsula no se eyecta del vaso o el paracaídas no se abre como es debido, comprueba el peso de la goma de borrar, cómo queda dentro del vaso –¿demasiado ceñida, quizá?– y reajusta y vuelve a plegar el paracaídas.

¿Qué sucede?

Al desacelerar el movimiento de rotación y tirar del hilo, el paracaídas y la cápsula eyectan –salen– del vaso, el paracaídas se abre y la cápsula flota suavemente hasta llegar al suelo.

¿Por qué?

Acabas de simular cómo se recuperaban las cápsulas espaciales o se traían de nuevo a la Tierra, desde su órbita, para conseguir un suave aterrizaje. La desaceleración del movimiento de rotación y el tirón del hilo representan la ignición de los retrocohetes que frenaban el avance de la cápsula para que pudiera quedar a merced de la gravedad terrestre.

La cuerda representa el equilibrio de la gravedad y la fuerza centrífuga que mantiene en órbita las cápsulas espaciales para que no se alejen en el espacio exterior. Dicha órbita era similar al movimiento de rotación de tu paracaídas.

Para preparar y efectuar la reentrada del paracaídas, desaceleraste el movimiento de rotación y tiraste del hilo, algo parecido a la ignición de los retrocohetes, y cuando la cápsula alcanzó la atmósfera terrestre, el paracaidas se abrió automáticamente para llevarla suavemente hasta la Tierra.

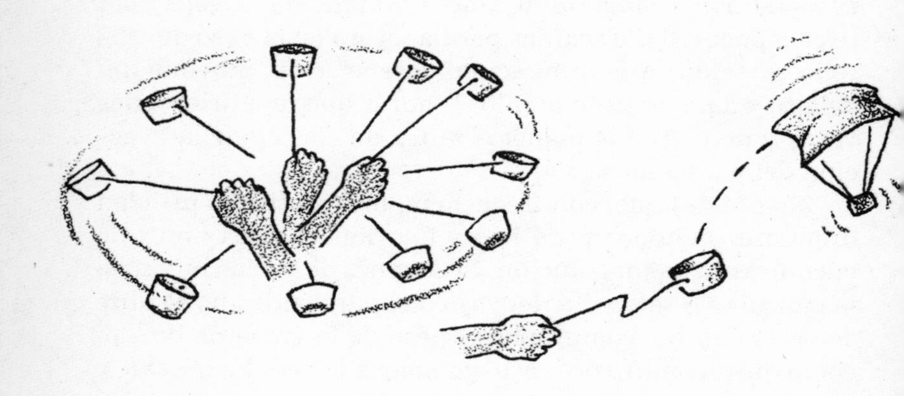

Los aterrizajes de las cápsulas espaciales se realizaban en el mar (amerizaje). Hoy en día, los astronautas viajan al espacio en modernas aeronaves llamadas transbordadores, que son puestas en órbita mediante cohetes orbitales que luego regresan a la Tierra, donde se recuperan y se vuelven a utilizar. En la actualidad, los astronautas vuelan hasta la Tierra desde las estaciones espaciales pilotando un transbordador como si fuese un aeroplano. Los transbordadores se reutilizan una y otra vez; las cápsulas no. Algunas de las primeras cápsulas que se recuperaron y estudiaron después del amerizaje, se exhiben en museos del espacio.

Paisaje lunar I: investigación

Para ver de cerca e incluso tocar la Luna, no hay nada mejor que construir un paisaje lunar en miniatura. Es muy fácil de confeccionar y te permitirá comprender cómo se formaron algunos de los rasgos físicos de su superficie. Además, tienes la posibilidad de bautizar los cráteres, montes y mares con los nombres que se te antojen.

Material necesario

$^{1}/_{2}$ vaso de yeso
$^{1}/_{2}$ vaso de agua hirviendo
Bandeja para
congelados o molde de aluminio
ayuda de un adulto
cuchara de plástico u otro
utensilio que luego puedas tirar
lupa

¡Agua caliente!

¿Qué hay que hacer?

Mientras papá, mamá o cualquier otro adulto ponen medio vaso de agua a hervir, vierte el medio vaso de escayola en el fondo del molde.

Pide a tu ayudante que vierta, con cuidado, medio vaso de agua muy caliente en el molde, remueve la mezcla para humedecer el yeso y, si es necesario, añade más agua en las zonas secas. Si se forman pequeños grumos, no te preocupes. ¡Darán un aspecto más real al paisaje!

Cuando la mezcla se haya enfriado un poco, solidificándose ligeramente, elimina el exceso de agua y déjala secar durante una hora.

Cuando se haya secado por completo, observa los rasgos físicos de tu paisaje lunar con una lupa. Graba con un lápiz el nombre de cada área. Las superficies lisas serán los mares; las más accidentadas, los valles; las protuberantes, los montes, y los orificios, los cráteres. Observa el paisaje bajo la luz del sol de la primera hora de la mañana o de la última de la tarde –o usa la luz de una lámpara– para ver cómo se proyecta la sombra de cada uno de los rasgos geográficos del paisaje lunar.

¿Qué sucede?

Al endurecerse el yeso, las zonas protuberantes aumentan de tamaño y forman los montes; aparecen orificios de diferente diámetro y profundidad –los cráteres–, y las superficies lisas se transforman en mares o planicies.

¿Por qué?

La superficie de la Luna está cubierta de millones de hoyos o cráteres, fruto del impacto de otros tantos meteoritos, así como también de regiones montañosas y vastas planicies, llamadas mares. Estos «mares», que no son masas de agua, sino enormes extensiones de roca volcánica, se formaron hace miles de millones de años, al enfriarse el magma caliente que recubría la superficie lunar.

Las exploraciones de la misión Apolo y de otros satélites no tripulados han demostrado que muchos de los rasgos o marcas de la superficie lunar fueron una consecuencia de la acción de poderosas fuerzas subterráneas al enfriarse el magma y el líquido hirviente del núcleo del satélite, situados a una considerable profundidad de la corteza sólida.

Cuando nuestro yeso se enfría, tal y como lo hizo la superficie de la Luna eras atrás, también forma cráteres, áreas rugosas, grandes protuberancias y zonas montañosas, todas ellas fruto del calentamiento y enfriamiento de la superficie, de la contracción y dilatación de su corteza.

¡METEORITOS!

No obstante, la mayoría de los orificios o cráteres de la superficie lunar se formaron tras el impacto de los meteoritos. Durante miles de años, un sinfín de rocas espaciales (aerolitos) han chocado ininterrumpidamente en la superficie de nuestro satélite. Dado que la Luna carece de atmósfera, los meteoritos no arden como la mayoría de los que penetran en la atmósfera terrestre. Y sin agua ni viento que erosionen y suavicen las asperezas de la corteza lunar, la historia de los impactos de estos viajeros espaciales ha quedado escrita en forma de cráteres insensibles al paso del tiempo.

Paisaje lunar II: tamaño y velocidad de los asteroides

Demos un paso más y veamos hasta qué punto el tamaño de los asteroides y la velocidad de caída de los meteoritos puede influir en el tamaño y la profundidad de los cráteres lunares. Pero con cuidadito, ¿de acuerdo?, pues de lo contrario te arriesgas a ponerlo todo perdido. Hazlo al aire libre, ponte prendas de vestir viejas y protege el suelo con papel de periódico para que te resulte más fácil limpiarlo todo cuando termines.

Material necesario

- recipiente pequeño y plano (molde o bandeja para el horno)
- «meteoros»: bolitas, canicas grandes, grumos de arcilla, guijarros

1 vaso de harina, bicarbonato o arena fina
regla o cinta métrica
lápiz y papel
papel de periódico

¿Qué hay que hacer?

Vierte el vaso de harina, bicarbonato o arena en el recipiente y amontónalo en una esquina de la bandeja, formando un montículo. Luego, nivélalo, extendiéndolo con la mano hasta las demás esquinas. Representará la superficie lunar.

A continuación, coge el «meteorito» y déjalo caer desde una altura de 10-15 cm sobre la bandeja. Mide el hoyo –cráter– que ha formado el objeto en la superficie polvorienta, el diámetro y la profundidad. Anota también la altura desde la que dejaste caer el «meteoro». Es fundamental. Haz dibujos y anota los resultados.

Después de cada lanzamiento, alisa la superficie y repite el experimento, duplicando la altura de la caída o incrementándola gradualmente. Mide cada vez la altura desde la que dejaste caer el objeto, el diámetro y la profundidad de los cráteres provocados por los sucesivos impactos.

Según tus notas y medidas, ¿qué diferencia hay entre las caídas desde una gran altura y desde una pequeña?

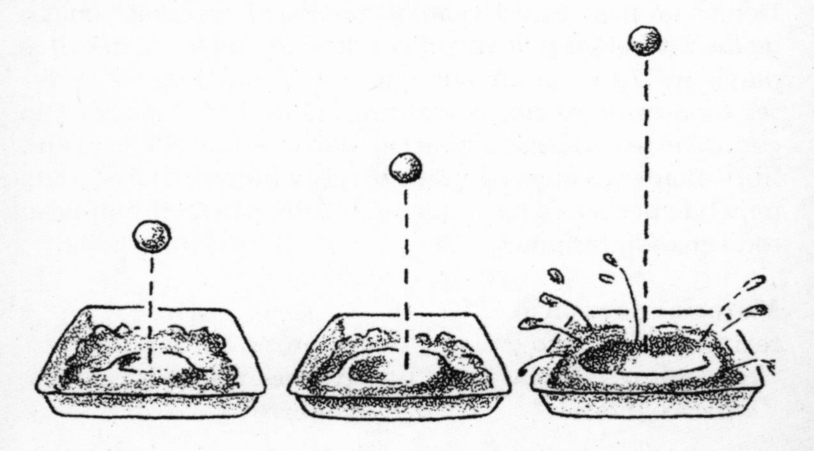

CRÁTERES CREATIVOS

Ahora que ya eres un experto de la creación y medición de cráteres, podrías incluir algunas variables, otras cosas que influyen en el tamaño de un cráter lunar.

Deja caer esferas de distintos tamaños desde diferentes alturas, y compara el resultado con el de los primeros lanzamientos. También puedes «arrojar» unas cuantas, sin limitarte a dejarlas caer, sino tirándolas con fuerza. ¿Será mayor el impacto y, por consiguiente, mayor también el cráter? Como científico que eres, ármate de paciencia, toma notas y compara las distintas variables entre sí.

Finalizados todos los experimentos, ¿qué podrías decir de la causa del tamaño de los cráteres lunares?

Paisaje lunar III: condiciones atmosféricas

Simula o copia las condiciones atmosféricas de la Luna y la Tierra y luego compáralas. A diferencia de nuestro planeta, la Luna no está sometida a erosión. Por lo tanto, ¡un cráter o cualquier otra marca en su superficie podría permanecer intacta durante millones de años!

Material necesario

- espacio al aire libre (opcional: cobertizo o armario donde se guardan los utensilios de jardinería)
- 2 platos o bandejas pequeñas de plástico o aluminio
- tapa de caja poco profunda de cartón corrugado
- cuchara para mezclar
- lápiz y papel
- 1 vaso de tierra
- objeto para dejar una huella en el suelo

2 vasos de arena (en las tiendas de jardinería la venden en sacos)

¿Qué hay que hacer?

Llena cada recipiente con $^1/_2$ vaso de arena y 1 vaso de tierra. Mézclalo bien con una cuchara.

Presiona el objeto con firmeza en cada superficie. Si la huella no queda bien marcada, alisa la superficie e inténtalo de nuevo.

Pon una de las bandejas en un sitio tranquilo y etiquétala «Paisaje terrestre». Escribe también «Día 1» y anota la fecha.

Para que los resultados sean más reales, coloca el modelo de la «Tierra» en un lugar desprotegido, a la intemperie, donde el viento, la lluvia y los demás elementos puedan hacer su trabajo.

Pon el otro plato, etiquetado «Paisaje lunar» en otro sitio tranquilo, cubriéndolo con la tapa de la caja y asegurándola con un objeto pesado. O mejor aún, si dispones de un cobertizo o armario en el que se guardan las herramientas de jardinería, úsalo para mantener a resguardo tu modelo de «Luna», con o sin tapa.

Al igual que antes, pon la fecha y escribe «Día 1». Observa los dos modelos durante 7-14 días y toma nota de todo cuanto acontezca.

¿Qué sucede?

La bandeja situada a la intemperie no tardará en alterarse, hasta que la huella del objeto apenas sea visible o desaparezca por completo.

La bandeja cubierta con la tapa y/o preservado en el cobertizo permanecerá intacta. La erosión es mínima y la huella continúa apreciándose con claridad.

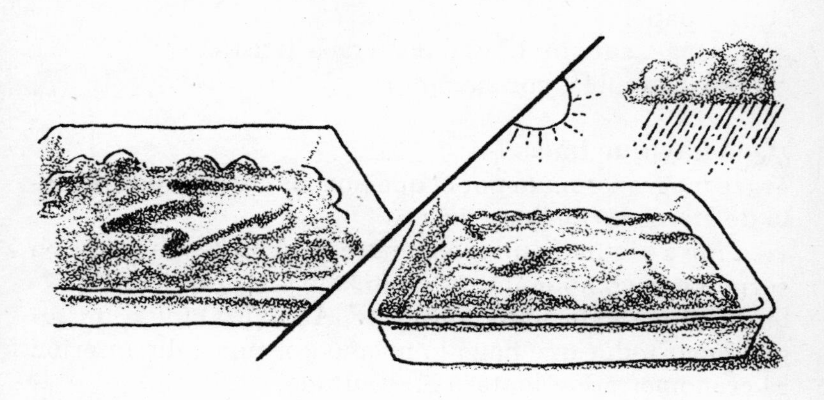

¿Por qué?

Teniendo en cuenta que la Luna no tiene atmósfera, no hay viento, lluvia, nieve ni cualesquiera otros elementos atmosféricos que puedan erosionar su superficie, algo parecido a lo que ocurre con nuestro modelo de «Paisaje lunar».

Cuando los cometas, asteroides y meteoritos chocan contra la superficie de la Luna, no existe ninguna fuerza meteorológica que influya en el impacto o en los cráteres que forman.

Sin embargo, las condiciones atmosféricas de la Tierra producen viento, agua, lluvia y nieve que inciden en la formación del paisaje y contribuyen a la erosión natural de las rocas y el terreno.

¿Cómo se llega a la Luna?

Dado que la Luna gira alrededor de la Tierra, ¿cómo se las arregla una nave espacial para hacer diana en un blanco móvil?

Reúne a un par de amigos y haced el siguiente experimento. Te hará reflexionar.

Material necesario
3 o más personas
reloj con segundero (o cronómetro)
lápiz y papel
gran espacio al aire libre o pista de atletismo
(de la escuela, por ejemplo)

¿Qué hay que hacer?
Traza un gran círculo por el que puedas correr o usa la pista de atletismo de la escuela.

Pide a alguien que cronometre el tiempo que tarda un corredor en completar una vuelta a la pista por la calle exterior a una velocidad constante. Anótalo. Pide a un segundo corredor que haga lo mismo por una calle interior. El cronometrador anotará el resultado.

Ahora, pide a los dos corredores que empiecen a correr al mismo tiempo por su calle respectiva y a la misma velocidad. Cuando des la señal, el que corre por la calle inte-

rior deberá ensanchar gradual y uniformemente el diámetro del círculo que describe hasta unirse al que corre por la calle exterior.

Al igual que antes, el encargado del cronómetro tomará nota del tiempo que ha tardado el corredor interior en alcanzar al exterior.

¿Qué sucede?

El corredor interior deberá esforzarse considerablemente para intentar alcanzar al que corre por la calle exterior, ora acelerando, ora desacelerando.

¿Por qué?

Para que una nave espacial llegue a la Luna, la coordinación temporal es muy importante. Antes del lanzamiento se efectúan cálculos para que el combustible no se agote al acelerar, desacelerar o cambiar de rumbo en pleno vuelo. Hay que tener en cuenta la velocidad de la nave y de la Luna, así como también la necesaria para que aquélla supere la fuerza de la gravedad de la Tierra. En realidad, para «atrapar» a la Luna, la trayectoria de la nave espacial debe apuntar por delante de ella, es decir, allí donde estará dentro de «x» tiempo –el tiempo necesario para cubrir la distancia Tierra-Luna–. Ahora, pide a los corredores que intenten unirse de nuevo procurando mejorar el tiempo invertido.

PLANETAS INTERIORES

Confecciona un diagrama o un mapa de los planetas interiores del sistema solar, mostrando su órbita y su tamaño. Es muy fácil de hacer.

Vas a necesitar un compás para trazar círculos, aunque si no eres demasiado diestro en su uso, es preferible que utilices plantillas circulares con el diámetro incluido; las encontrarás en las papelerías. Aun así, si te empeñas en dibujar a mano alzada, ¡por mí no hay ningún problema! Vamos a describir el tamaño y la órbita de cada planeta, y a darte unas cuantas sugerencias útiles.

Por último, te hará falta un folio. Si quieres conseguir un acabado más atractivo, puedes usar rotuladores, lápices o cartulinas de colores.

Nuestro Sol tiene alrededor de 1.400.000 km de diámetro; cabrían cien planetas Tierra en su interior.

Traza un círculo en el centro del papel de unos 3,5 cm de diámetro. Si lo deseas, puedes decorarlo con llamas a su alrededor para representar la corona solar.

Luego, coloca la punta del compás en el centro del Sol y traza un círculo a 2 cm de distancia del Sol. (¡Truco!: si quieres dibujar una circunferencia perfecta, en lugar de hacer girar el compás, sujeta bien la punta en su sitio y haz girar el papel.) Este círculo representa la órbita de Mercurio alrededor del Sol.

Ahora, coloca un círculo de 0,5 cm: ¡el planeta Mercurio! A decir verdad, Mercurio apenas equivale a un granito de arena comparado con el astro rey. Sólo tiene 4.848 km de diámetro y dista 50.000.000 km del Sol.

Coloca el compás a 4 cm del disco solar para trazar la órbita de Venus y sigue el mismo método que con la órbita de Mercurio. Venus gira alrededor del Sol a unos 108.000.000 km de distancia y su tamaño es muy parecido al de la Tierra (alrededor de 12.000 km de diámetro). Usa un círculo de 1 cm para representar el planeta.

A continuación, la Tierra. Coloca el compás a 5 cm del Sol y traza su órbita como de costumbre. Dado que Venus y la Tierra son casi iguales, deberás utilizar otro círculo de 1 cm. El diámetro de nuestro planeta es de 12.757 km y se halla a una distancia de unos 150.000.000 km del Sol.

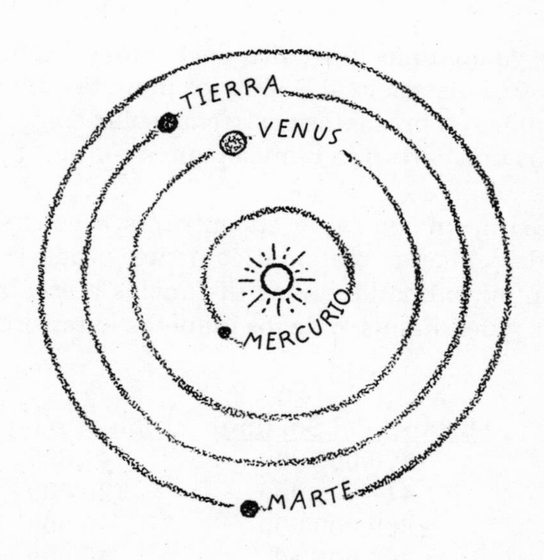

El último planeta interior es Marte, que dista 80.000.000 km de la Tierra y 227.200.000 km del Sol, y tiene un diámetro de 6.700 km. Coloca el compás a 6,5 cm del disco solar para trazar su órbita y utiliza un círculo de 0,8 cm de diámetro, es decir, un poco más pequeño que para la Tierra y Venus, pero algo mayor que Mercurio. Si quieres seguir con los planetas restantes del sistema solar, consulta «Planetas exteriores».

PLANETAS EXTERIORES

Ahora que ya dominas la técnica del compás y conoces el tamaño y la distancia al Sol de los planetas interiores, ¿por qué no representas el sistema solar completo? Necesitarás una cartulina blanca y unos cuantos datos sobre ellos.

Con la información que encontrarás a continuación, puedes calcular matemáticamente, o hacer una estimación aproximada, de las distancias a escala de las órbitas y del diámetro de los planetas exteriores.

	Distancia al Sol (km)	Diámetro (km)
Júpiter	778.000.000	141.300
Saturno	1.417.600.000	120.000
Urano	2.869.000.000	46.800
Neptuno	4.495.000.000	50.000
Plutón	5.898.000.000	6.500

Transbordadores espaciales: frío y calor

¿Sabes cómo consiguen resistir el frío y el calor extremos del espacio exterior los transbordadores espaciales? ¿No? Haz este experimento y lo descubrirás.

Material necesario

2 latas de conserva cilíndricas vacías
plastilina (la suficiente para cerrar la abertura de las latas)
2 botes de cristal pequeños (sin la etiqueta)
2 termómetros
pañuelos de papel, bolsa de papel y papel de aluminio (el suficiente para envolver dos veces una lata)
agua caliente del grifo
un ayudante*
tijeras
2-4 aros de goma
lápiz y papel

¿Qué hay que hacer?

Pon un pañuelo de papel sobre papel de aluminio y una bolsa de papel, por este orden.

Llena las dos latas de agua caliente del grifo. Haz dos bolas de plastilina y colócalas a presión en el orificio de cada lata sin que penetren en su interior.

Envuelve una de las latas con las tres capas de papel (el pañuelo en el interior y la bolsa en el exterior) y sujétalas con aros de goma. No envuelvas la otra lata; déjala tal cual está. Trabaja lo más rápido posible.

*Cuatro manos son más rápidas que dos y este experimento debe realizarse con rapidez, antes de que el agua se enfríe y las temperaturas cambien.

Espera entre 30 y 40 minutos hasta que el agua se haya enfriado. Anota el tiempo transcurrido.

Recuerda que si quieres conseguir resultados precisos deberás trabajar deprisa. Comprueba que los dos termómetros indican la misma temperatura. De lo contrario, ponlos debajo del grifo de agua fría o caliente hasta que las lecturas coincidan o sean lo más similares posible.

Mientras retiras la envoltura de papel de la primera lata, vierte rápidamente su contenido –agua– en uno de los botes de cristal. Repite la misma operación con la segunda lata y el segundo bote. Coloca cada lata detrás

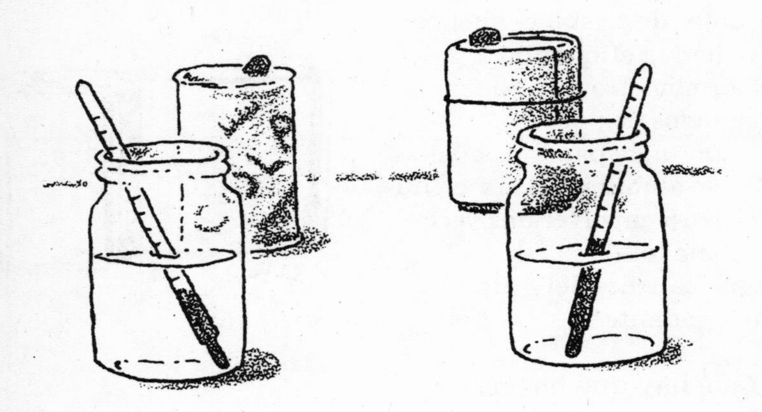

de su bote correspondiente para no confundir las muestras de agua. A continuación, introduce un termómetro en cada bote y déjalos durante 2 o 3 minutos. No saques los termómetros mientras anotas las temperaturas; presiona su extremo interior –cabezal de lectura– contra el cristal.

¿Qué sucede?

La lata con el envoltorio de papel registraba una diferencia de 3 a 5 °C en la lectura. Es decir, que el agua contenida en ella estaba entre 3 y 5 °C más caliente que la de la lata sin envoltorio.

¿Por qué?
En el espacio exterior existen áreas de frío y de calor extremos, lo que obliga a proteger las naves espaciales envolviéndolas con capas de materiales aislantes. Dichos materiales se pueden utilizar para evitar o detener la pérdida de calor o de frío.

En términos científicos, las moléculas vibran más deprisa en las zonas calientes de un material y transfieren energía calorífica a sus homólogas de movimiento lento en las zonas más frías. Este proceso se denomina *conducción*. Los científicos del espacio, que conocen este proceso, usan materiales para absorber el calor o para reflejarlo. En general, los metales son los mejores conductores –transportadores o transmisores– del calor, mientras que la madera, el papel, el plástico y el aire son malos conductores.

ROPA INTERIOR TÉRMICA: UNA CUESTIÓN DE CALOR

En las regiones muy frías, la gente suele llevar ropa interior térmica. Esta especie de «segunda piel», que se pone *debajo* de las prendas de vestir habituales, tiene minúsculas burbujas de aire que mantienen el cuerpo caliente.

En «Transbordadores espaciales: frío y calor», envolvimos una lata con un revestimiento térmico exterior, no interior.

Realiza el experimento siguiente, pero probando diferentes tipos de revestimiento y disponiéndolos de formas diversas. ¿Influye en el resultado el orden de colocación de las capas o siempre es el mismo?

También puedes inventar nuevos experimentos con revestimientos térmicos exteriores. Usa recipientes de varias clases, con revestimientos y grosores diferentes, y observa lo que ocurre.

Transmisión del calor

¿Hasta qué punto conducen bien el calor los metales, el plástico o la madera? La respuesta, fundamental para la exploración espacial, está... ¡en el agua!

Material necesario

objeto metálico
(tenedor, clavo)
objeto de plástico
(cuchara, pajita
de refresco)
objeto de madera (lápiz, listón)
vaso de agua muy caliente
ayuda de un adulto
para manipular
la cocina o el microondas

¿Qué hay que hacer?

¡Agua caliente!

Para este experimento deberás pedir a un adulto que caliente un vaso de agua (¡recuerda que el agua muy caliente puede causar graves quemaduras!). Introduce los tres objetos en el vaso de agua, separando su extremo inferior y superior, como si se tratara de los radios de una rueda de bicicleta.

Transcurridos cinco minutos, tócalos con cuidado por su sección central, es decir, por donde se apoyan en el borde del vaso. Luego, retira los objetos uno a uno y toca el extremo que estaba cubierto de agua. ¿Cuál es el más caliente de los tres?

¿Qué sucede?

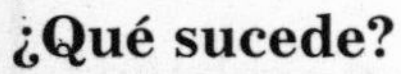

El objeto metálico está más caliente que el de madera o de plástico.

¿Por qué?

Los metales son mejores conductores del calor que el plástico o la madera, ya que sus electrones están más separados entre sí y pueden transmitir el calor de una forma más eficaz. Eso explica por qué el objeto metálico de nuestro experimento está más caliente al tacto que el de plástico o madera.

Imagina lo importante que resulta esta información para los científicos espaciales a la hora de aislar o proteger las naves y los astronautas de las temperaturas extremas del espacio exterior.

Menú espacial

Si sueñas con llegar a ser un astronauta, tendrás que ir acostumbrándote a la comida espacial. A ver qué te parece este experimento.

Material necesario

1 paquete de cereales solubles, en polvo, de los que tomas en el desayuno

1 bolsa para congelados con cierre hermético

leche

pajita de refresco flexible

¿Qué hay que hacer?

Vierte el contenido de los cereales solubles en la bolsa para congelados y añade leche hasta llenar un tercio de la bolsa. Ciérrala herméticamente y agítala bien. Luego, ábrela por una esquina e introduce la pajita. ¡A sorber tu astromenú!

¿Qué sucede?

En el espacio, todos los alimentos van dentro de una bolsa y se sorben a través de una pajita de refresco.

¿Por qué?

Cuando se hallan en el espacio exterior, los astronautas tienen que mantener todos los alimentos «encerrados», ya que sin bolsas cerradas, los líquidos y demás productos alimenticios... ¡flotarían en el interior de la nave! Menudo desastre, ¿no?

Los alimentos espaciales son deshidratados (secos), al igual que nuestros cereales solubles, y se rehidratan (se les añade agua) en el espacio.

Otras alternativas
Busca otros tipos de alimentos deshidratados y rehidrátalos añadiendo agua o leche.

También puedes experimentar con helados, zumos y otros productos alimenticios. Mételos en bolsas de plástico y degústalos al estilo espacial. Es una forma divertida de comer sin ensuciar nada.

Estaciones espaciales y fuerza centrífuga

Construye una sencilla estación espacial y luego tripúlala, o coloca uno o varios miembros de la tripulación en la cubierta. Hazla girar y descubrirás cómo actúa la fuerza centrífuga.

Material necesario
4 tubos de cartón de papel higiénico
caja de pasta dentífrica o similar
2-3 canicas, gomas de borrar u otros objetos pequeños
cuerda de 90 cm
tijeras
cinta adhesiva

¿Qué hay que hacer?

Corta una abertura rectangular en una de las caras estrechas de la caja de pasta dentífrica, dejando 2 cm de cartón en cada extremo.

Pide a un adulto que haga un orificio en los dos extremos de la caja, ensarta la cuerda y ata los cabos. Tendrás una caja con una abertura rectangular y un asa de cuerda.

Pega con cinta adhesiva un par de tubos de cartón a cada lado de la caja. ¿Qué tenemos ahora? Algo parecido a una caja de cartón abierta con cuatro tubos a modo de alas. (¡Anda, échale un poco de imaginación...! ¡Ajá! ¡Una estación espacial!)

Por último, introduce un objeto, y luego otros dos, tres o cuatro, en el interior de la caja –o módulo– de tu estación espacial. Sostén la cuerda, balancea lentamente el prototipo y, a continuación, haz girar la aeronave hasta completar varios círculos. Empieza lentamente, aumenta poco a poco la velocidad y vuelve a desacelerar los giros hasta que se detenga.

¿Qué sucede?

Con un movimiento circular lento, los objetos se desplazan de un lado a otro en el interior de la caja y suenan al chocar contra ella; cuando los giros se aceleran, los objetos se mantienen en su sitio, sin desplazarse; al final, cuando el movimiento se desacelera hasta llegar al balanceo inicial, vuelven a desplazarse en el interior de la caja e incluso salen despedidos.

¿Por qué?

La fuerza que impide que los objetos del módulo de tu estación espacial salgan volando se llama *centrífuga*.

Al hacer girar rápidamente la estación por encima de la cabeza, tiras hacia ti de los objetos que hay en su interior (véase «Fuerza centrípeta»), los cuales, a su vez, tiran en dirección contraria a ti.

DISEÑO DE ESTACIONES ESPACIALES

Para diseñar una estación espacial de aspecto más real, necesitarás rotuladores, tijeras, cartulina, tubos de cartón de papel higiénico, cinta adhesiva, cuerda... ¡y una desbordante imaginación!

Para empezar, usa un tubo para cada una de las diferentes secciones o módulos de la nave. Emularás a la perfección la forma cilíndrica de las estaciones de verdad y darás un toque realismo a tu proyecto.

Luego, pide a un adulto que corte dos o tres rectángulos en cada tubo. ¡Las escotillas! Si lo deseas, también puedes introducir objetos y ponerlos en órbita tal y como lo hiciste en «Estaciones espaciales y fuerza centrífuga».

Traza líneas longitudinales y perpendiculares para identificar las diferentes secciones modulares, y pega rectángulos de cartulina para simular los múltiples paneles solares de que disponen este tipo de aeronaves.

Asimismo, podrías atar una cuerda a un extremo del prototipo y astronautas de juguete, si tienes alguno, y hacerlos orbitar como en el experimento anterior. ¡Que te diviertas!

¿QUIERES SER ASTRONAUTA?

El futuro te espera. Si tu objetivo es formar parte del mismo, en el espacio exterior, ahora es el momento de empezar a pensar en cuál sería la mejor manera de hacer realidad tu sueño de viajar al espacio.

Lee con atención los apartados siguientes; encontrarás toda la información necesaria para llegar a ser astronauta, así como de las agencias que se dedican al trabajo y la exploración espaciales.

SELECCIÓN Y ADIESTRAMIENTO DE ASTRONAUTAS

En el futuro, Estados Unidos, con sus socios internacionales –Japón, Canadá y la Agencia Espacial Europea– pondrán en órbita una estación espacial tripulada que hará las veces de rampa de lanzamiento desde la que los exploradores proseguirán sus viajes hasta la Luna y Marte. A medida que estos proyectos se vayan aproximando cada vez más a la realidad, la necesidad de profesionales cualificados del vuelo espacial irán en aumento.

Para satisfacer esta creciente necesidad, la NASA acepta solicitudes de inscripción en el Astronaut Candidate Program. Los candidatos se seleccionan periódicamente, en general cada dos años, para las categorías de piloto y especialista de misión, y se puede presentar tanto el personal militar como el civil. Los civiles pueden enviar su solicitud en el momento en que lo deseen, mientras que los militares tienen que hacerlo a través del servicio correspondiente y ser designados por el alto mando como transferibles a la NASA.

El proceso de selección de los candidatos a astronauta está diseñado para nutrir los programas humanos espaciales de individuos altamente cualificados. En lo que concierne a los candidatos a especialista de misión y piloto-astronauta, se exigen diversos requisitos académicos y de experiencia: como mínimo, una licenciatura universitaria en ingeniería, ciencias biológicas, ciencias físicas o matemáticas obtenido en un centro homologado, al que deben seguir tres años de experiencia profesional asociada y de responsabilidad progresiva. Se valoran los títulos de posgrado, que pueden sustituir total o parcialmente el requisito de experiencia (por ejemplo, máster = 1 año de experiencia laboral; doctorado = 3 años de experiencia).

Los solicitantes que reúnen las cualificaciones básicas son evaluados durante un proceso de una semana de duración que consiste en entrevistas personales, exámenes médicos completos y tests de orientación profesional.

Los solicitados seleccionados son nombrados «candidatos a astronauta» y asignados a la oficina de astronautas en el Johnson Space Center, donde permanecerán durante un año para su adiestramiento y evaluación. Durante este período, los candidatos participan en el programa de entrenamiento de astronautas, destinado a desarrollar los conocimientos y capacidades requeridos para una futura selección para un vuelo, y se les asignan responsabilidades técnicas o científicas. Con todo, la selección como candidato no asegura la selección como astronauta.

La selección final se efectúa una vez completado satisfactoriamente el programa de un año. Los candidatos civiles que superen con éxito el entrenamiento y la evaluación, y que sean seleccionados como astronautas, deberán permanecer un mínimo de cinco años en la NASA.

Información facilitada por National Aeronautics and Space Administration y el Lyndon B. Johnson Space Center, Houston, Texas.

COHETES: ¡LA CUENTA ATRÁS!

Los múltiples miniexperimentos de este capítulo se realizan con un cohete de «globo-hilo-pajita». Es probable que con anterioridad ya hayas visto cohetes de «globo-hilo» en otros manuales de experimentos, pero no de la forma en la que te los vamos a presentar.

En nuestro caso utilizaremos globos, pesos, equilibrios y contraequilibrios para explicar los conceptos de impulso, aceleración, desaceleración, cohetes impulsores y retrocohetes.

Vas a experimentar con cohetes, lanzaderas espaciales y retrocohetes, y para aquéllos a quienes les apasione la velocidad, hemos añadido un coche de juguete con propulsión a reacción que no consume combustibles caros o peligrosos, sino única y exclusivamente... ¡la potencia de un globo!

Necesitarás montones de globos, tanto grandes y esféricos como pequeños y alargados, y tal vez un ayudante. La diversión está garantizada, sobre todo si das rienda suelta a tu imaginación. ¡No te lo pierdas!

Combustible

Los científicos aeroespaciales no se andan con bromas cuando se trata de hacer despegar una nave espacial. El combustible es una parte importantísima de cualquier lanzamiento, y con nuestros experimentos vivirás increíbles emociones. Te aconsejo que cuentes con la ayuda de un adulto.

Material necesario

papel de aluminio (suficiente para formar un cohete de papel de aluminio compacto de 13 cm de longitud)
botella de plástico (de refresco) de 500 ml llena de vinagre (acidez del 5% o superior)
filtro de café
3 cucharaditas de bicarbonato sódico
3 aros de goma

NOTA: Este experimento puede ponerlo todo perdido; ¡hazlo al aire libre!

¿Qué hay que hacer?

Echa tres cucharaditas de bicarbonato sódico en el filtro de café y distribúyelo uniformemente hasta formar una columna gruesa larga. Luego, enrolla el filtro con cuidado, dale forma de tubo y asegúralo con aros de goma. ¡Ya tienes el depósito de combustible! Ahora, arruga y comprime el papel de aluminio hasta conseguir un cilindro –el cohete– de 13 cm, comprobando que la base inferior se ajusta a la boca de la botella de vinagre, pero quedando lo bastante suelta como para moverse arri-

ba y abajo con facilidad. Coge el vinagre, el depósito de combustible y el cohete y sal al patio o al campo.

Los pasos siguientes deben realizarse con mucho cuidado y rapidez. Asegúrate de que el tubo de combustible no se ha roto ni tiene fugas, y que se puede introducir en la botella con facilidad.

A continuación, echa el tubo de combustible y el cohete en la botella. ¡Hazlo deprisa! Cuando se produzca la reacción química, observa lo que ocurre.

¿Qué sucede?

El vinagre y el bicarbonato sódico se combinan químicamente y producen CO_2 (dióxido de carbono). A su vez, el gas rebosa de la botella, silba, emana vapor y mueve un poco el cohete.

¿Por qué?

Tu prototipo de cohete en su rampa de lanzamiento (botella) simula una nave espacial de verdad.

En la realidad, se combinan dos clases de combustible y explotan, lo que genera presión e impulsa la aeronave.

La reacción química –silbido, vapor, rebosamiento y ligera elevación de tu prototipo– imita a la perfección el proceso de generación de presión, impulso y elevación de los cohetes reales.

DISEÑO DE UN COHETE

¿Qué te parecería echarle un poco de imaginación al asunto y diseñar un cohete con características especiales, de papel de aluminio y 13 cm de longitud? Teniendo en cuenta que es impermeable, también podrás jugar con él los días de lluvia. O mejor aún, ¿por qué no intentas construir varios cohetes de diferentes diseños y tamaños para futuros lanzamientos?

Con una buena dosis de creatividad, rotuladores resistentes al agua, papel de aluminio, pajitas de refresco y otros materiales domésticos impermeables puedes modificar sustancialmente el diseño y la forma de tus modelos.

Pega tiras de papel de aluminio a su alrededor para señalar las distintas fases del cohete, remodela el morro o instala un par de alas y un timón de profundidad, e incluso podrías añadir cohetes propulsores (las pajitas de refresco son ideales) para que la nave tenga un aspecto más real.

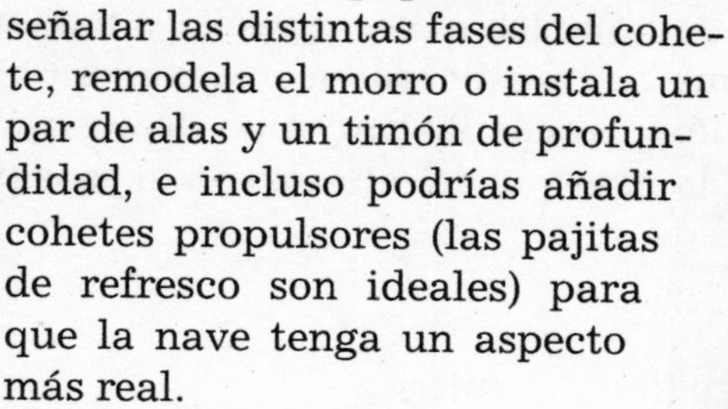

Por último decora el modelo con logotipos, banderas o emblemas –usa rotuladores de tinta permanente.

¡A divertirse!

EQUIPO DE MANTENIMIENTO

Es una buena idea tener ayudantes –un «equipo de mantenimiento»– que te ayuden a realizar los siguientes experimentos. Hay muchísimo que hacer: tensar los hilos, cortar las pajitas de refresco, hinchar y ajustar los globos, etc. Pero no te preocupes; con «personal auxiliar» todo resultará bastante fácil.

Cápsulas espaciales

Observa cómo la cápsula espacial se separa del cohete al llegar a su objetivo. Aunque las naves espaciales modernas utilizan un sistema de transbordador o lanzadera orbital similar a un avión, tu sencillo prototipo demostrará cómo una sección de la nave puede ser lanzada al espacio exterior con la ayuda de otra.

Material necesario

emplazamiento al aire libre
ayudante
pajita de refresco
globo grande y alargado
vaso grande de poliestireno
lápiz y papel
hilo
cinta adhesiva
clip de papel
reloj con segundera, pinza para la ropa o clavo (véase «Hilo libre»)

¿Qué hay que hacer?

Ata 4 o 5 metros de hilo desde el respaldo de una silla al de otra, o a un gancho, de tal modo que puedas desatarlo con facilidad, ensartando la pajita en uno de sus extremos (véase «Hilo libre», página 118). Para los siguientes pasos es aconsejable contar con la colaboración de un ayudante.

Hincha el globo, enrolla la abertura y asegúrala con un clip. Con un trozo muy largo de cinta adhesiva, sujeta el globo a la cara inferior de la pajita, comprobando que el orificio mira hacia la silla. Luego, ajusta el vaso de poliestireno al morro, o parte delantera, del globo. Esto representa las primitivas cápsulas espaciales, que estaban situadas en el extremo delantero de los cohetes.

Ahora ya estás listo para el lanzamiento. Quita el clip de papel del globo mientras sujetas la abertura para que no se escape el aire. Cuando estés preparado, suelta el globo y mide el tiempo que tarda tu cohete en llegar a su destino.

¿Qué sucede?

Al soltarlo, el globo corre a lo largo del hilo y alcanza su objetivo mientras el vaso o cápsula espacial se desprende y cae.

¿Por qué?

El globo-cohete demuestra la tercera ley del movimiento de sir Isaac Newton: a toda acción le corresponde una reacción igual y opuesta, es decir, el principio de la propulsión a chorro. El empuje hacia atrás del aire saliendo del globo lo propulsa hacia delante.

HILO LIBRE

El clip, la pinza para la ropa o clavo se usa para sujetar un extremo del hilo del globo-cohete a otro objeto (p. ej., una silla). Uno de los cabos del hilo puede estar atado permanentemente a un objeto, pero el otro debería estar libre (sujeto a un gancho, por ejemplo). Esto se hace para que los globos-cohete –los que se deslizan por un hilo ensartado en una pajita de refresco pegada a un globo– se puedan remplazar por otros siempre que sea necesario, y dado que vas a realizar muchos miniexperimentos con globos-cohete, el hilo libre te resultará muy útil.

Para ensartar el hilo en la pajita con facilidad, ata un extremo alrededor de la cabeza de un clavo y hazlo pasar a través de la pajita. Deja el clavo atado al hilo para que haga las veces de lastre.

Superpropulsión

Ahora que conoces los principios de la propulsión, ¿por qué no pruebas con la superpropulsión? Se trata de un experimento idéntico al que hiciste en «Cápsulas espaciales», aunque ahora añadirás otro globo o cohete propulsor. ¿Existe alguna diferencia en la velocidad y el tiempo que tarda tu cohete en alcanzar su objetivo? ¡Descúbrelo tú mismo!

Material necesario

los materiales de «Cápsulas espaciales», añadiendo un segundo globo alargado

un ayudante

¿Qué hay que hacer?
Vuelve a hinchar el globo que pegaste en la parte inferior de la pajita de refresco. (Si ves que se ha deformado o que no funciona bien, sustitúyelo por otro.) Enrolla la abertura y asegúrala con un clip.

A continuación, coloca un segundo globo junto al primero, pegándolo con cinta adhesiva, enrollando la abertura y asegurándola con un clip.

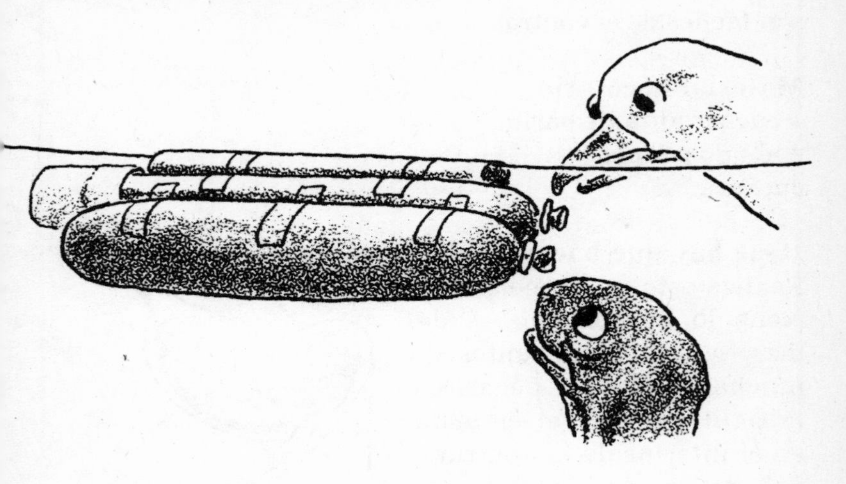

Con la colaboración de tu ayudante y el reloj a punto, suelta los dos globos al mismo tiempo, midiendo el tiempo que tarda el cohete de propulsión en llegar a su destino. ¿Es notable la diferencia entre el tiempo invertido con la superpropulsión y el de «Cápsulas espaciales?

¿Qué sucede?
El globo-cohete, con su superpropulsión, se desliza por el hilo con mucha más fuerza que el anterior.

¿Por qué?
Con dos cohetes, el coeficiente de propulsión a reacción se duplica y, por consiguiente, aumenta la velocidad de desplazamiento.

Tobera de escape

El efecto que hemos preparado para tu globo-cohete te encantará. Hemos simulado, o copiado, la propulsión real de los motores a reacción de los cohetes. También te harás una idea del funcionamiento de las fases de una nave espacial. Y como guinda, ¡hemos añadido un poquito de humo de mentirijillas para darle realismo! Los materiales son fáciles de encontrar.

Material necesario
1 cucharadita de harina
embudo pequeño
cuchara

¿Qué hay que hacer?
Realiza este experimento tal y como lo hiciste con los demás. No obstante, antes de hinchar el globo y pegarlo a la pajita, coloca el embudo en el interior de la abertura del globo deshinchado y vierte una cucharada de harina. Usa la cuchara para remover la harina y conseguir que penetre en el interior del globo.

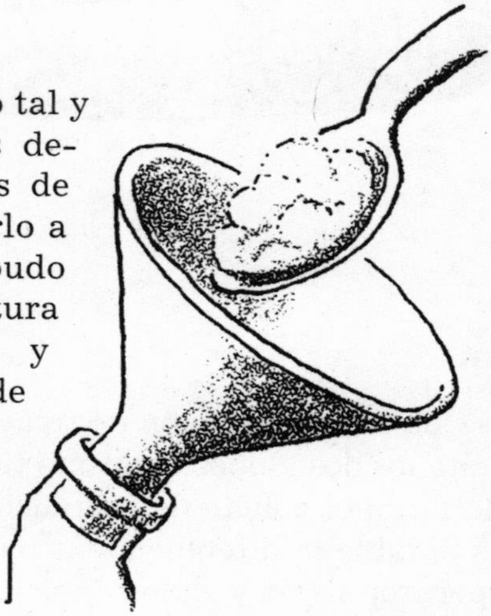

Quita el embudo, hincha el globo, agítalo un poco para que la harina llegue hasta la abertura, asegura la abertura con un clip, pégalo a la pajita y prepárate para soltarlo.

¿Qué sucede?
Si lo has hecho todo correctamente, el globo se deslizará por el hilo... ¡dejando una estela de humo!

Retropropulsión

Ahora, con el mismo hilo y materiales que utilizaste en «Cápsulas espaciales», prueba con los cuatro miniexperimentos siguientes de retrocohetes, es decir, aquellos pequeños cohetes secundarios o adicionales que generan un empuje opuesto al del cohete principal. A menudo, los retrocohetes se emplean para desacelerar la nave espacial durante la reentrada en la atmósfera terrestre o para conseguir un aterrizaje suave. También podrías prolongar el hilo, comprar globos más grandes o incrementar el número de globos para disponer de una mayor superpropulsión.

Invita a tu familia o a algún amigo a participar en estos experimentos. De todos modos te hará falta un ayudante. ¡Manos a la obra!

Retrocohete 1: tubos de cartón

Con dos tubos de cartón a los lados, este cohete se parece muchísimo a uno de verdad... ¡retrocohetes incluidos!

Material necesario

- hilo ensartado en una pajita de refresco
- globo alargado
- clip de papel
- 2 tubos de cartón de papel higiénico
- cinta adhesiva
- tijeras

¿Qué hay que hacer?

Con cinta adhesiva, pega los dos tubos a los lados de un globo hinchado. (¡TRUCO!: Es mucho más fácil pegar primero la cinta adhesiva al interior de los tubos y luego pegar al globo los extremos que sobresalen del tubo) Pega el globo a la pajita y suéltalo desde uno de los cabos de la línea.

¿Qué sucede?

El globo se desliza por el hilo, pero con menos fuerza, y no consigue llegar a su destino.

¿Por qué?

Al igual que los retrocohetes, los tubos actúan a modo de contrafuerza, es decir, una fuerza que opera en el sentido opuesto al de la propulsión principal del globo-cohete, lo cual, a su vez, reduce la propulsión principal y hace que se detenga antes de llegar al otro extremo del hilo.

Retrocohete 2

Ahora vas a hacer el mismo experimento, ¡pero con una diferencia!

Material necesario

hilo ensartado en una
pajita de refresco
cinta adhesiva
globo alargado
de papel higiénico
3 o 4 hojas de periódico
cinta adhesiva
tijeras
cinta adhesiva

¿Qué hay que hacer?

Hincha el globo y, con cinta adhesiva, pega el tubo a la base del mismo y luego a la pajita.

Después, enrolla y pega con cinta adhesiva las hojas de periódico, formando un cilindro apretado, y colócalas en el interior del tubo. Suelta el globo desde un extremo del hilo.

¿Qué sucede?

El cohete sólo se desplaza hasta la mitad del hilo y luego se detiene.

¿Por qué?

A causa de su peso, el cilindro-tubo parecido a un retrocohete hace las veces de un contrapeso o fuerza opuesta de mayor envergadura, desacelerando más el cohete que el simple tubo de cartón que utilizaste en «Cápsulas espaciales».

Retrocohete 3

En este experimento, el globo-cohete es un auténtico bravucón, pero aun así demuestra la propulsión opuesta de un retrocohete.

Material necesario

hilo ensartado
    en dos pajitas de refresco
3 globos alargados
tijeras
cinta adhesiva
3 clips de papel

¿Qué hay que hacer?

Ensarta dos pajitas de refresco en el extremo libre del hilo.

Luego, hincha tres globos alargados –dos por completo y uno hasta la mitad–. Con cinta adhesiva, pega los dos globos totalmente hinchados, uno junto al otro, y ambos a una de las pajitas. A continuación, enrolla y sujeta con un clip sus aberturas. Haz lo mismo con el globo medio hinchado en la otra pajita. Es esencial que los globos estén encarados, con las aberturas mirando a los extremos del hilo.

Coloca los dos globos a un cuarto aproximadamente de uno de los extremos del hilo, mientras tu ayudante hace lo mismo con el globo a medio hinchar en el otro extremo.

A una señal convenida, soltad los globos.

¿Qué sucede?
El cohete formado por dos globos empuja el globo medio hinchado hasta el otro extremo del hilo.

¿Por qué?
El cohete formado por dos globos representa un poderoso retrocohete que desacelera y empuja hacia atrás al cohete principal, más pequeño.

Retrocohete 4

¿Qué ocurrirá si dos globos completamente hinchados que se desplazan en sentidos opuestos chocan?

Material necesario
hilo ensartado en dos pajitas de refresco
2 clips de papel
2 globos alargados
cinta adhesiva

¿Qué hay que hacer?
Repite los pasos de «Retrocohete 3», pero sustituyendo los tres dos globos por otros dos completamente hinchados y encarados el uno al otro, con las aberturas mirando hacia el extremo respectivo del hilo.

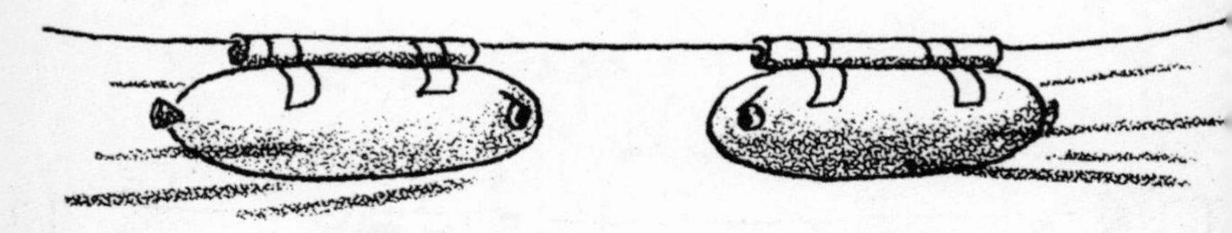

¿Qué sucede?
Los dos globos chocan a medio camino y se detienen.

¿Por qué?
El impulso o empuje de cada globo es idéntico, y al chocar, propulsados el uno contra el otro, se detienen; el impulso de uno anula el impulso del otro.

Retropropulsión con un coche

Un coche de juguete desplazándose en una dirección puede ser redirigido en la dirección opuesta. ¿Cómo? ¡Nada de retrocohetes! Un simple truco de inversión utilizando las contrafuerzas.

Material necesario

coche de juguete en miniatura
tira de cartulina de 15 cm de longitud
suelo cerca de una pared
tubo de cartulina largo
clip de papel
globo esférico
cinta adhesiva

¿Qué hay que hacer?

Dobla la tira de cartulina por la mitad o en tercios, longitudinalmente, para construir una pista vallada, y colócala junto a una pared. Luego, hincha el globo y anuda la abertura o enróllala y asegúrala con un clip. Con cinta adhesiva, fija el globo en el ángulo que forma el pavimento y la pared, en el extremo de la tira de cartulina, a modo de barrera.

Apoya el tubo largo en el suelo, sosteniéndolo en posición angulada y embocándolo directamente hacia el globo. Introduce el coche por el extremo superior y déjalo caer.

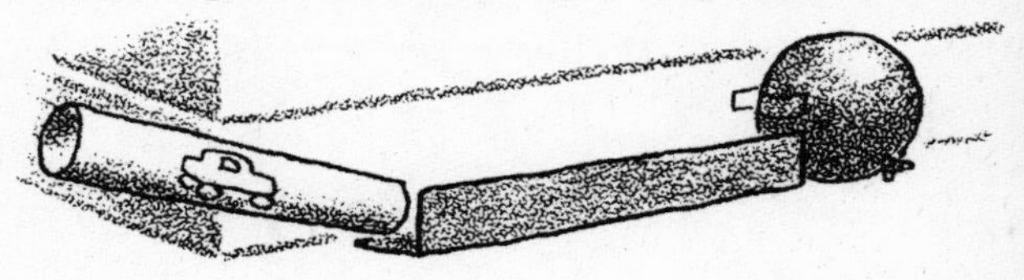

¿Qué sucede?

El coche se desliza por el interior del tubo, sigue corriendo por la pista y, al chocar con el globo, rebota hacia atrás. No se trata de un retrocohete, sino de otra forma alternativa de desplazar en dirección opuesta un objeto que se mueve hacia delante.

EL JUEGO DE LA CIENCIA

Títulos publicados:

1. **Experimentos sencillos con la naturaleza** - *Anthony D. Fredericks*

2. **Experimentos sencillos de química** - *Louis V. Loeschnig*

3. **Experimentos sencillos sobre el espacio y el vuelo** - *Louis V. Loeschnig*

DE PRÓXIMA PUBLICACIÓN:

4. **Experimentos sencillos de geología y biología** - *Louis V. Loeschnig*

Kathy Wollard

El libro de los porqués

Lo que siempre quisiste saber sobre el planeta Tierra

Las más interesantes preguntas sobre el mundo y sus pobladores encuentran en este fascinante libro respuestas sencillas y amenas, tan rigurosas como un artículo científico y tan divertidas como un cuento ilustrado.

252 páginas
Formato: 19,5 × 24,5 cm
Encuadernación: Rústica

240 páginas
Formato: 24,5 × 19,5 cm
Encuadernación: Rústica

Linda Hetzer

Juegos y actividades para hacer en casa

Más de 150 actividades. Grandes aventuras, trucos mágicos para asombrar a tus amigos, diversiones misteriosas y mucho más. Puedes realizarlas solo, o bien acompañado de tus hermanos, tus amigos o todo el vecindario. ¡Desterrarás para siempre el aburrimiento!